사이클로옥시게나제 효소저해제

잠재적 결합모드의 정량적 분석

송인석 지음

BIOSCIENCE (주)바이오사이언스출판

저자 약력

송인석
서울대학교 화학과 졸업
미국 남미시시피대학 화학과 Ph.D.
미국 미시간주립대학 생화학과 박사후연구원
미국 미시간대학 생화학과 교환교수
현 서울시립대학교 생명과학과 교수

사이클로옥시게나제 효소저해제

잠재적 결합모드의 정량적 분석

초판 인쇄: 2014년 7월 17일
초판 발행: 2014년 7월 21일

저　자: 송인석
발행인: 문정구
발행처: (주)바이오사이언스출판
주　소: 137-060 서울특별시 서초구 효령로2길 10, 201호(방배동, 호산빌딩)
전　화: (02)581-4057~8　팩　스: (02)581-4059
이메일: inquiry@biosciencepub.com
홈페이지: http://www.biobooks.co.kr
ISBN: 978-89-6824-022-5　93430
등록번호: 제22-3079호

값 9,000원

(주)바이오사이언스출판

서문

프로스타글란딘은 leukotriene과 더불어 아라키돈산에서 유래되는 생리활성물질입니다. 이 물질 합성의 속도조절단계를 촉매하는 cyclooxygenase (COX)는 다양한 측면에서 많은 연구자의 관심의 대상입니다. 특히 구조가 밝혀진 소수의 막단백질로서 막과의 접촉양상이 기존의 경우와 구별되는 특이성을 보입니다. 뚜렷한 기능적 차이를 나타내는 두 isozyme의 존재확인으로 저해제의 구조적 특성을 활용한 선택적 저해제 개발은 유기합성이나 docking을 통한 모델링 연구자의 지속적인 관심의 대상이 되어오고 있습니다. 이미 개수를 헤아리기 어려울 정도로 온갖 화학구조식을 가진 물질들이 개발되어 일부는 여러 단계를 거쳐 환자의 손에 쥐어지고 있으며, 다중 기능의 저해제 개발 등 다양한 시도가 모색되고 있는 실정입니다.

COX 저해제에 대한 구조분석은 다른 많은 연구자들에 의해 이미 이루어 진 바 있습니다. 하지만 저해제와 결합한 COX 단백질의 결정구조는 합성된 저해제 수와 비교하여 극히 제한적이므로 가능한 다수의 저해제를 종합적으로 비교 분석하는 연구에는 적절한 docking 활용이 필수적입니다. 특히 COX의 docking은 활성부위가 단백질 내부의 구별되는 소수성 환경에 놓여 있는 점이 적절한 해석을 전제로 리간드 결합특성 연구에 활용도가 크다고 할 수 있습니다.

COX 효소는 'half-of-the-sites activity'를 보입니다. 용액상에서 homodimer로 존재하지만 일부 ligand와의 결합에서는 비대칭성이 흥미롭습니다. Heme 그룹의 COX와의 결합은 isozyme 특이적이며 대부분의 heme 단백질에 비해 낮은 결합강도를 보여줍니다. 비대칭적 apo-enzyme의 존재는 저해제 결합위치의 다양성을 가져올 수 있습니다. 실지로 bulky한 저해제 후보군에서는 잠재적 결합부위가 heme 결합부위로 나타납니다. 일부 연구에서는 COX 활성부위의 stereo- 및 region-특이성을 기질 선택적 저해제 개발에 활용하여 anandamide와 같은 fatty acid amide에 특이적인 저해제 개발에 성과를 올리고 있습니다. 실험실 벤치에서 정제된 효소 및 저해제 후보군 물질과의 씨름과 병행하여 docking을 통한 잠재적 결합모드의 체계적인 분석은 연구 효율성 면에서 시사하는 바가 큽니다. 본 저서는 2012년도 서울시립대학교 연구년교수 연구비에 의하여 연구되었습니다.

2014년 7월

저자 씀

목차

서문 iii

1. 총설 1

1.1 COX 저해제의 다양성 1

2. Diarylheterocycle 저해제 3

2.1 일반적 특성 3

2.2 결정구조상의 결합 특이성 3

2.3 Docking상의 잠재적 결합모드 8

2.3.1 헤테로고리형 8

2.3.2 탄소고리형 65

2.3.3 이중고리형 76

2.3.4 비고리형 79

3. Alkylsulfonanilide 저해제 86

3.1 일반적특성 86

3.2 결정구조상의 결합 특이성 86

3.3 Docking상의 잠재적 결합모드 90

3.3.1 Alkylsulfonanilide 변형체 90

4. 기존 NSAID의 변형체 95

4.1 일반적 특성 95

4.2 결정구조상의 결합 특이성 95

4.3 Docking 상의 잠재적 결합모드 108

4.3.1 Indomethacin 변형체 108

4.3.2 Flurbiprofen/meclofenamic aicd 변형체 115

4.3.3 Chromenone 유사체 120

4.3.4 기타 124

5. 이중역할 저해제 134

5.1 일반적 특성 134

5.2 결정구조상의 결합 특이성 134

5.3 Docking상의 잠재적 결합모드 139

5.3.1 이중저해제 139

부록: COX 및 관련효소의 아미노산서열 146

A. COX−2& COX−1 146

B. FAAH 147

C. sEH 147

D. LTA4H 148

참고문헌 149

색인 155

1. 총설

1.1 COX 저해제의 다양성

오랜 역사를 지닌 aspirin을 포함하여 다양한 NSAID[1]는 표적효소인 cyclooxygenase(COX)의 구조적 이해 이전부터 지속적으로 개발되었다. COX-1에 이어 COX-2유전자의 발견과 기질 또는 저해제의 COX와의 결합형태가 결정구조를 통해 밝혀지면서[1-16], 가능한 구조의 후보군 물질이 합성되어 물리화학적인 특성을 규명하는 시도가 모색되고 있다. 이 중 일부는 FDA의 승인을 거쳐 환자에게 적용되고 있으며 대표적인 사례로 celecoxib, valdecoxib, etoricoxib을 들 수 있다.

NSAID는 높은 구조적 다양성을 나타내고 있으며, 이로 인해 새롭게 개발되는 물질의 대부분은 극히 일부를 제외하고 기존 NSAID 범주에 속한다. 흥미롭게도 미미한 변형이 COX 저해도와 COX-2/COX-1의 선택성에 결정적인 요인으로 작용하는 경우가 상당수 있어 결정구조 분석 및 이와 병행한 체계적인 분자 모델링의 적용이 절실하다. 아울러 발표되는 COX 저해도 수치가 다양한 방법[2]을 통해 이루어 지면서 이들 자료들의 비교분석에 신중한 접근이 필요하다.

COX저해에 대한 일반적인 모델은 효소와 저해제의 다중 평형관계로 설명된다. 강력한 COX 저해제 대부분이 시간의존적으로 느리고 단단한 결합양상을 보이고 있으며, aspirin은 시간이 경과하면서 비가역적 저해양상을 보여 특이적이다. COX효소에 대한 낮은 친화도[3]를 보이는 aspirin은 COX 활성부위에 접근하면 Ser530을 빠르게 아세틸화하고 이 아세틸기는 쉽게 가수분해가 일어나지 않는다. Aspirin은 COX-2 보다 COX-1에 대해 높은 저 해도를 보이지만, aspirin의 카복실기를 alkyl이나 alkynyl sulfide로 치환하면 선택성이 역전되어 COX-2에 대해 특이적이다. 다른 NSAID의 변형을 통한 COX-2 저해의 선택성 증가는 4장에서 자세히 다룬다.

Diaryl 헤테로고리 계열은 가장 많은 COX-2 저해제 후보군 물질을 포함하고 있으며 본서에서는 2장에서 중심고리의 종류에 따라 세분화 하고 각각의 그룹에 속하는 물질 중에 in vivo 또는 in vitro 상에서 높은 저해능을 보이는 물질에 대해 docking 실험을 통해 잠재적 conformer를 선별하고 이들 conformer의 COX-2에 대한 결합모드를 제시하였다. 3장에서는 alkylsulfonanilide 계열에 속하는 저해제의 구조적 특성에 대해 다루고 있으며 COX와의 결합모드를 비교 분석하였다.

5장에서는 COX를 포함한 두 효소에 대해 저해능을 보이는 물질에 대해 소개하였다. COX

---

[1] Non-steroidal anti-inflammatory drug

[2] 재조합 효소 사용, 배양세포 사용, HWB (human whole blood), human monocyte 등 다양함.

[3] K_i = 20 mM

와 마찬가지로 아라키돈산이 기질로 사용되는 lipoxygenase에 대해 저해능을 보이는 di-tert-butylphenol 유사체 물질의 개발이 예에 속한다. 이와 더불어 최근에는 추가적으로 NO의 배출을 목적으로 하는 물질의 고안도 특이할 만하다. 본서에서는 fatty acid amide, epoxyicosatrienoic acid, leukotriene A_4의 분해에 관여하는 hydrolase의 저해제 결합특성에 대해 소개하였다.

2. Diarylheterocycle 저해제

2.1 일반적 특성

COX-2 유전자의 존재가 확인되기 이전에 diaryl 헤테로고리 계열의 COX 저해제는 개발되어 탁월한 항염증 효능을 보였다. Phenylbutazone[4]을 비롯하여 diphenyl oxazole 유사체인 oxaprozin[5]이 선을 보인 후, 중심고리를 치환한 다양한 물질들이 특허논문의 자리를 차지했다. 질소, 산소, 또는 황으로 치환된 5각, 6각의 중심고리 화합물의 저해능은 두 phenyl 고리의 치환기의 종류와 위치에 민감하게 반응한다.

이 계열이 갖는 일반적인 특성은 (1) 불포화된 중심고리, (2) 이웃한 두 친유성 치환기의 존재 (phenyl 고리 하나는 필수), (3) phenyl 고리의 para-위치에 methylsulfone/sulfonamide 그룹 존재로 요약할 수 있다. 특히 황의 산화상태는 COX-2에 선택성에 절대적인 영향을 미쳐 sulfoxide나 sulfide로의 환원은 COX-2 저해제를 오히려 COX-1에 선택적인 저해제로 바뀌게 한다.

대표적 diaryl 헤테로고리 화합물인 celecoxib는 최근에 COX-2와 COX-1 모두와 결합한 결정구조가 발표되어 COX 활성부위 내에서의 결합 특이성을 확인해 볼 수 있으며, 거이 모든 가능성의 헤테로고리 화합물에 대한 잠재적 결합모드에서는 공통적으로 COX-2에 추가적으로 존재하는 측면포켓에 위치한 잔기와의 특이적 상호작용의 중요성이 부각된다.

2.2 결정구조상의 결합 특이성

Celecoxib는 중심고리에 pyrazole 고리를 갖는 diaryl 헤테로고리 계열의 COX-2 선택적 저해제이다. COX-2와의 결합에서 celecoxib는 탄소에 연결된 phenyl 고리의 para위치에 Br이 존재하는 SC-558과 매우 유사한 결합형태를 보인다[14, 17]. 이 phenyl 고리는 Phe381, Leu384, Tyr385, Trp387, Gly526, Ser530의 곁사슬과 Gly526, Ala527의 골격원자로 구성된 소수성 공간에 자리하고 있다. 중심고리에 연결된 trifluoromethyl group은 Met113, Val116, Val349, Tyr355, Leu359, Leu531를 포함하는 포켓에 둘러 싸여 있으며 flurbiprofen의 phenyl 고리 위치와 동일하다. Celecoxib와 SC-558의 phenylsulfonamide 부분은 Leu352, Tyr355, PHe518, Val523으로 구성된 COX-2 특이적 소수성 포켓에 위치하며, 특히 sulfonamide기는 포켓의 내부로 깊숙이 침투하여 His90, Gln192, Arg513과 상호작용한다. SC-558 sulfonamide의 두 산소원자는 His90, Arg513와 그리고 질소원자는 Phe518의 골격산소와 각각 수소결합을 형성한다. Celecoxib는 His90, Gln192의 곁사슬과 Gly338의 골격산소와 수소결합을

[4] 4-butyl-1,2-diphenylpyrazolidine-3,5-dione

[5] 3-(4,5-diphenyl-1,3-oxazol-2-yl)propanoic acid

형성한다. 이 소수성 포켓은 대부분의 diaryl 헤테로고리 계열의 저해제가 갖는 COX-2 선택성의 결정인자 역할을 담당한다. COX의 중심 활성부위로 향하는 채널에서 갈라진 이 소수성 포켓은 COX-1에서는 제한적이지만 COX-2의 경우 덜 bulky한 Val523와 Val434의 존재로 저해제가 접근할 수 있는 가능성을 높여준다.

COX 채널 기저부에 위치한 Arg120은 대부분 NSAID의 carboxylic acid group과 이온결합을 형성한다. 하지만 celecoxib나 SC-558 저해제에서는 carboxylic acid 그룹의 부재로 이러한 상호작용은 발생하지 않지만, Arg120과 Glu524 사이의 염다리는 저해제의 결합으로 와해되며 Arg120을 포함하는 helixD의 일부가 풀리는 구조변화를 가져온다.

COX-1과 celecoxib의 결합구조에서는 몇 가지 특기할 사항이 관찰된다[6]. 일반적으로 COX-1의 Ile523은 COX-2 저해제의 특이적 결합을 방해하는 잔기이지만 Ile523의 Cδ1 원자는 위치이동으로 celecoxib의 결합을 수용하며 추가적으로 측면포켓잔기인 His513, Pro514, Asn515 곁사슬의 위치변화를 유도한다. His513은 sulfonamide group과 수소결합이 어려운 거리에 위치하지만 Phe518의 phenyl 기는 celecoxib와 소수성 접촉거리에 위치한다. 이량체 인터페이스에 가까운 거리에 존재하는 loop 121-129는 저해제의 결합에 민감하다. Celecoxib의 결합유무에 따라 이 loop는 특이적 구조를 채택하고, 이와 같은 변화는 단량체 사이의 정보교환 수단으로 사용될 가능성이 있다.

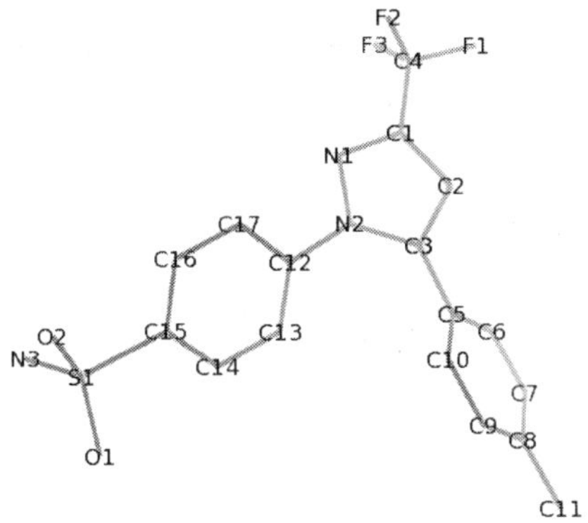

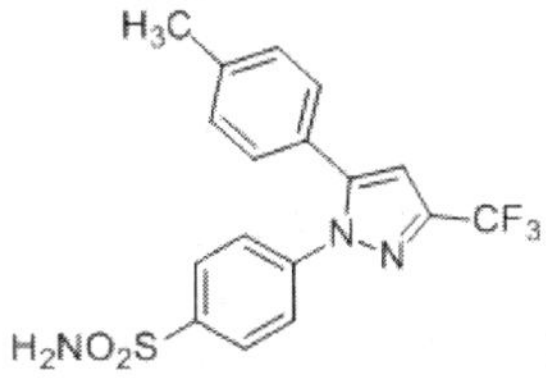

(1)

그림 1 저해제-1[6]의 원자명 표기

표 1 저해제-1과 근접한 COX-2 원자

리간드 원자	COX-2 잔기	COX-2 원자	거리 (Å)
C1	VAL349	CG1	3.5
O1	PHE518	CB	3.4
		CD2	3.5
		N	3.6
		CG	3.8
	VAL523	CG2	3.7
S1	LEU352	O	3.7
	VAL523	CG2	3.8
C2	VAL349	CG1	3.6
	ALA527	CB	3.6
O2	HIS90	NE2	3.0
		CD2	3.5
		CE1	3.6
	ARG513	NH1	3.3
	VAL523	CG2	3.6
C3	ALA527	CB	3.8
N3	HIS90	NE2	3.8
	GLN192	OE1	3.1
		CD	3.9
	LEU352	O	2.7
		C	3.8
	SER353	O	3.0
		C	3.4
		CA	3.9
	ALA516	CB	3.9
C5	ALA527	CA	3.8
C7	SER530	CB	3.8
		OG	3.9
C8	GLY526	C	3.8
C9	GLY526	CA	3.7

리간드 원자	COX-2 잔기	COX-2 원자	거리 (Å)
		C	3.7
	ALA527	N	3.7
C10	VAL523	O	3.9
	ALA527	N	3.6
C11	TYR385	CE2	3.6
	TRP387	CZ2	3.4
		CH2	3.6
C12	SER353	CA	3.8
C14	LEU352	O	3.3
		C	3.7
	SER353	CA	3.8
	PHE518	CD2	3.8
C15	LEU352	O	3.5
	SER353	CA	3.7
	VAL523	CG2	3.6
C16	SER353	CA	3.7
		O	3.8
	VAL523	CG1	3.7
		CG2	3.8
C17	SER353	CA	3.7
	TYR355	OH	3.5
	VAL523	CG1	3.5
F1	LEU531	CD1	3.1
		CG	3.6
		CD2	3.6
F2	ARG120	NH1	3.6
	TYR355	CE2	3.7
F3	VAL349	CG1	3.5
	LEU359	CD1	3.2
		CD2	3.6

[6] 4-(5-(p-tolyl)-3-(trifluoromethyl)-1H-pyrazol-1-yl)benzenesulfonamide (celecoxib)

표 2 저해제-1과 근접한 COX-1 원자

리간드 원자	COX-1 잔기	COX-1 원자	거리 (Å)
C1	VAL349	CG1	3.3
N1	VAL349	CG1	3.7
	SER353	CB	3.5
O1	HIS90	CE1	3.3
	SER353	O	3.2
	SER516	OG	3.4
S1	GLN192	OE1	3.7
	LEU352	O	3.2
C2	VAL349	CG1	3.2
O2	SER516	CB	3.6
	PHE518	O	3.4
		CE1	3.5
		CD1	3.6
	ILE523	CD1	2.9
		CG1	3.3
C3	VAL349	CG1	3.5
N3	GLN192	OE1	2.3
		CD	3.5
	LEU352	O	2.2
		C	3.4
	ILE517	CG2	3.1
		N	3.5
C6	ALA527	N	3.4
		CA	3.6
C7	MET522	O	3.5
	GLY526	C	3.4
		CA	3.7
	ALA527	N	3.3
C8	GLY526	C	3.7
C9	LEU352	CD2	3.6
C10	LEU352	CD2	3.6
C11	TRP387	CZ2	3.6
C12	SER353	CB	3.6
		CA	3.6
C13	LEU352	O	3.4
		C	3.5
		CG	3.5
		CD2	3.7
	SER353	CA	3.4
		N	3.5
C14	LEU352	O	2.5
		C	3.0
		CG	3.5
	SER353	CA	3.2
		N	3.3
C15	LEU352	O	3.0
	SER353	CA	3.4
C16	SER353	CA	3.6
	TYR355	OH	3.6
	ILE523	CG2	3.4
C17	SER353	CA	3.6
		CB	3.6
	TYR355	OH	3.5
		CZ	3.6
	ILE523	CG2	3.3
F1	LEU359	CD2	3.0
F2	VAL116	CG1	2.9
F3	VAL349	CG1	3.5
	LEU359	CD2	3.5
		CD1	3.5

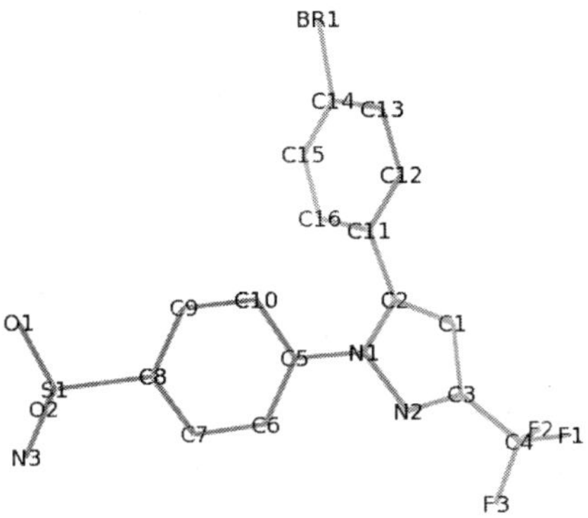

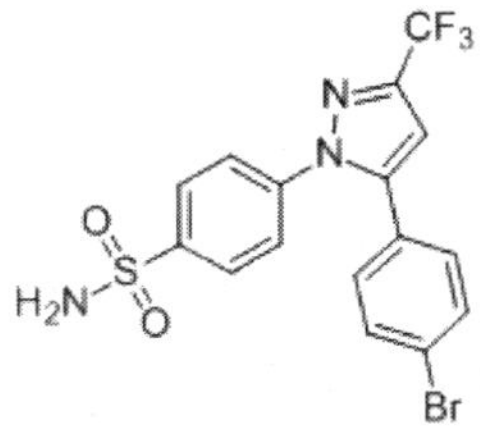

(2)

그림 2 저해제-2[7]의 원자명 표기

표 3 저해제-2와 근접한 COX-2 원자

리간드 원자	COX-2 잔기	COX-2 원자	거리 (Å)
C1	VAL349	CG1	3.8
	ALA527	CB	3.6
O1	ALA516	CB	3.5
	PHE518	O	3.1
		CD1	3.2
		CE1	3.5
	VAL523	CG2	3.0
S1	HIS90	NE2	3.8
	ALA516	CB	3.8
	VAL523	CG2	3.6
N2	TYR355	OH	3.5
O2	GLN192	OE1	3.4
	LEU352	O	3.6
	SER353	O	3.5
	ALA516	CB	3.6
C3	VAL349	CG1	3.8
N3	HIS90	NE2	2.7
		CD2	3.1
		CE1	3.7
	ARG513	CD	2.9
		NH1	3.2
C4	ARG120	NH1	3.7
C5	VAL523	CG1	3.7
C6	TYR355	OH	3.3
		CZ	3.8
	VAL523	CG1	3.6
C7	HIS90	NE2	3.7
	SER353	O	3.8
	ARG513	NH1	3.8
	VAL523	CG1	3.6

리간드 원자	COX-2 잔기	COX-2 원자	거리 (Å)
C8	LEU352	O	3.5
	VAL523	CG2	3.3
		CG1	3.7
C9	LEU352	O	3.0
		CD2	3.7
	PHE518	CE1	3.4
	VAL523	CG2	3.2
C10	LEU352	CD2	3.4
		O	3.5
C12	LEU352	CD2	3.6
C13	LEU352	CD2	3.7
C15	GLY526	C	3.5
		CA	3.8
	ALA527	N	3.4
C16	VAL523	O	3.4
	ALA527	N	3.4
		CA	3.5
		CB	3.6
BR1	TYR385	CE2	3.1
		CD2	3.7
	TRP387	CZ2	3.6
F1	VAL349	CG1	3.2
	LEU359	CD1	3.3
F2	ARG120	NH1	3.3
		CD	3.4
	LEU531	CD1	3.5
F3	ARG120	NH1	3.0
	TYR355	CE2	3.1
		OH	3.5
		CZ	3.7

[7] 4-(5-(4-bromophenyl)-3-(trifluoromethyl)-1H-pyrazol-1-yl)benzenesulfonamide (SC-558)

2.3 Docking상의 잠재적 결합모드

2.3.1 헤테로고리형

- Pyrroles

1,2-diarylpyrrole에서 4-methylsulfonylphenyl 그룹이 C2에 위치하는 경우는 N1에 위치하는 경우에 비해 10배의 저해능 증가를 가져온다. Pyrrole고리의 C4 치환기는 저해능에 별다른 영향을 주지 않지만 C5 위치에 전자를 끌어당기는 치환기의 존재는 저해활성의 현저한 증가를 동반한다[18].

표 4 COX-2/COX-1에 대한 (3)-(8)의 선택적 저해 [18-23]

저해제	IC_{50} (μM)	
	COX-2	COX-1
3	0.51	> 100
4	NA	NA
5	0.015	> 100
6	0.06	> 100
7	0.35	5.86
8	0.081	12

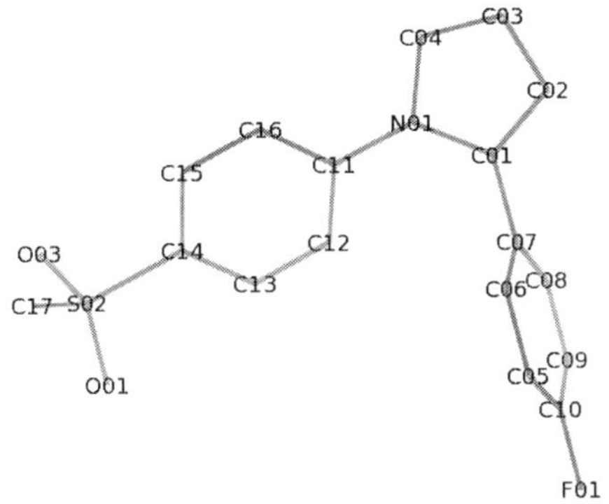

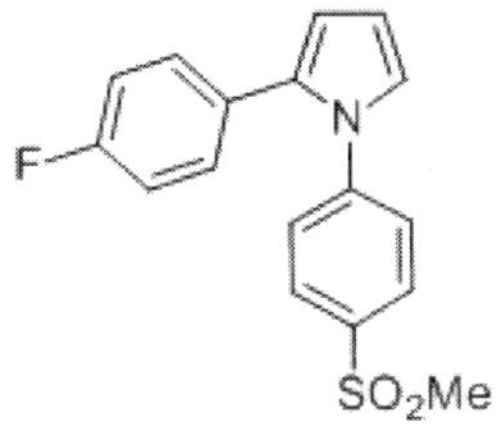

(3)

그림 3 저해제-3[8]의 원자명 표기

표 5 저해제-3과 근접한 COX-2 원자

리간드 원자	COX-2 잔기	COX-2 원자	거리 (Å)
C02	VAL349	CG1	3.6
	ALA527	CB	3.6
C03	VAL349	CG1	3.7
C04	TYR355	OH	3.8
C08	LEU352	CD2	3.8
C09	LEU352	CD2	3.7
C05	MET522	O	3.6
	VAL523	CA	3.6
		O	3.7
	GLY526	CA	3.6
		C	3.7
	ALA527	N	3.6
F01	TRP387	CZ2	3.0
		CH2	3.5
C06	VAL523	O	3.4
		CA	3.7
	ALA527	N	3.5
		CA	3.8
C11	SER353	CA	3.7
	VAL523	CG1	3.8
C12	SER353	CA	3.8
C13	LEU352	O	3.3
		C	3.7
	SER353	CA	3.9
	PHE518	CD2	3.8
C14	LEU352	O	3.4
	SER353	CA	3.8
	VAL523	CG2	3.7
C15	HIS90	NE2	3.8
		CD2	3.9
	SER353	O	3.5
		CA	3.7
C16	SER353	CA	3.6
	TYR355	OH	3.4
		CZ	3.8
	VAL523	CG1	3.5
S02	GLN192	OE1	3.8
	LEU352	O	3.6
	ALA516	CB	3.7
O01	GLN192	OE1	3.3
	LEU352	O	3.8
	ALA516	CB	3.6
	ILE517	CG2	3.4
		N	3.8
	PHE518	N	3.4
		CB	3.6
		CD2	3.7
O03	HIS90	NE2	3.5
	GLN192	OE1	3.3
	LEU352	O	3.3
	SER353	O	3.1
		C	3.7
	ALA516	CB	3.5
C17	HIS90	NE2	3.6
	ARG513	NH1	3.4
		CB	3.6
		CD	3.7
		CG	3.7
	ALA516	CB	3.8
	VAL523	CG2	3.5

8 2-(4-fluorophenyl)-1-(4-(methylsulfonyl)phenyl)-1H-pyrrole, 잠재적 conformer의 COX-2에 대한 K_D = 24 nM

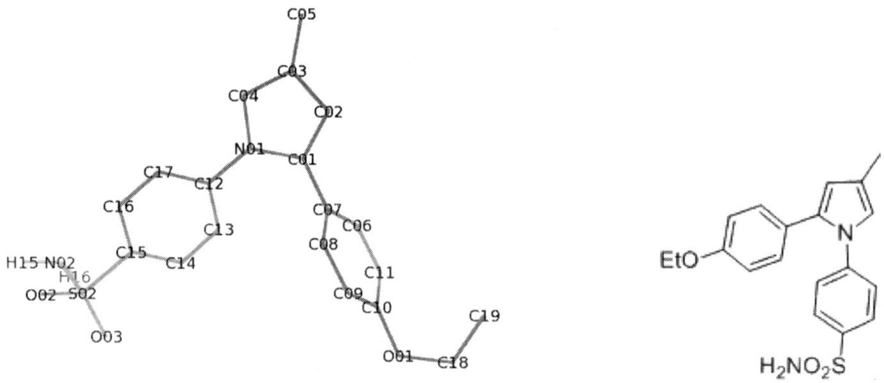

(4)

그림 4 저해제-4[9]의 원자명 표기

표 6 저해제-4와 근접한 COX-2 원자

리간드 원자	COX-2 잔기	COX-2 원자	거리(Å)	리간드 원자	COX-2 잔기	COX-2 원자	거리(Å)
C02	VAL349	CG1	3.5			CZ	3.6
C04	TYR355	OH	3.5		VAL523	CG1	3.6
		CE2	3.6	S02	ALA516	CB	3.7
		CZ	3.7	O02	HIS90	NE2	3.3
C08	VAL523	O	3.6			CE1	3.7
	ALA527	N	3.5		ARG513	NH1	3.5
		CA	3.7			CB	3.6
C09	GLY526	C	3.7		ALA516	CB	3.6
	ALA527	N	3.6	O03	GLN192	OE1	3.3
C11	LEU352	CD2	3.5		ALA516	CB	3.6
O01	TRP387	CZ2	3.2		ILE517	CG2	3.5
		CH2	3.5		PHE518	N	3.5
C18	LEU384	CD1	3.5	N02	HIS90	NE2	3.5
	TYR385	CE2	3.7		GLN192	OE1	3.2
	TRP387	CZ2	3.7		LEU352	O	3.2
	GLY526	CA	3.5		SER353	O	3.0
C19	PHE381	CE1	3.4			C	3.6
	TYR385	CE2	3.2		ALA516	CB	3.5
	GLY526	O	3.4	H15	HIS90	NE2	3.0
	SER530	CB	3.6			CE1	3.3
C12	SER353	CA	3.6		GLN192	OE1	3.5
C13	SER353	CA	3.7		SER353	O	3.3
C14	LEU352	O	3.3		ALA516	CB	3.1
C15	LEU352	O	3.6	H16	GLN192	OE1	2.3
	VAL523	CG2	3.6			CD	3.0
C16	HIS90	NE2	3.6			NE2	3.3
		CD2	3.6		LEU352	O	2.6
	SER353	O	3.5		SER353	O	3.4
C17	SER353	CA	3.7			C	3.7
	TYR355	OH	3.2		ALA516	CB	3.5

[9] 4-(2-(4-ethoxyphenyl)-4-methyl-1H-pyrrol-1-yl)benzenesulfonamide, 잠재적 conformer의 COX-2에 대한 k_D = 17 nM

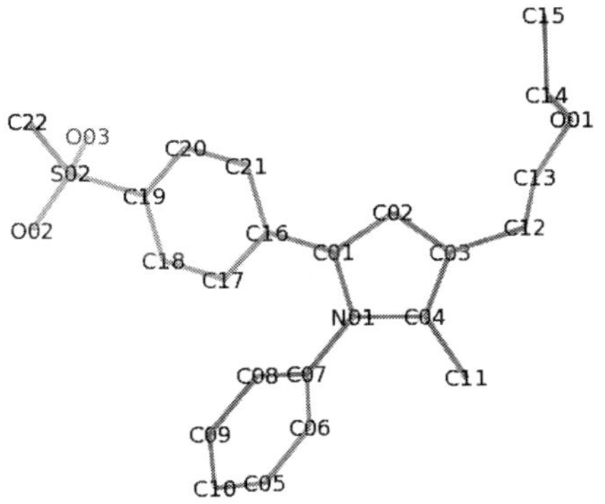

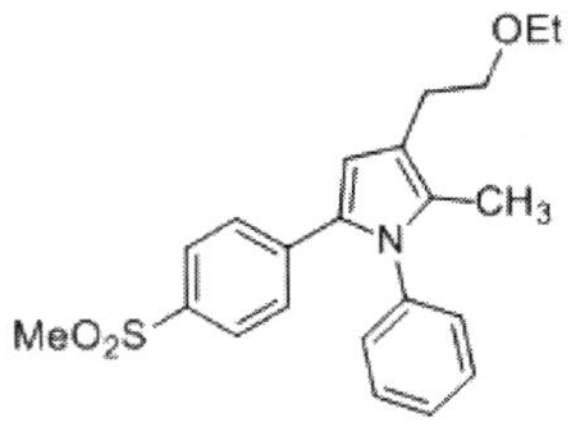

(5)

그림 5 저해제-5[10]의 원자명 표기

표 7 저해제-5와 근접한 COX-2 원자

리간드 원자	COX-2 잔기	COX-2 원자	거리(Å)
C03	VAL349	CG1	3.5
C04	VAL349	CG1	3.6
	ALA527	CB	3.6
C11	ALA527	CA	3.3
		CB	3.5
		O	3.7
C16	SER353	CA	3.7
C18	LEU352	O	3.2
		C	3.6
	PHE518	CD2	3.8
C19	LEU352	O	3.4
	VAL523	CG2	3.7
C20	SER353	O	3.6
		CA	3.7
C21	SER353	CA	3.6
	TYR355	OH	3.4
	VAL523	CG1	3.5
S02	LEU352	O	3.6
	ALA516	CB	3.7
O02	GLN192	OE1	3.4
	ALA516	CB	3.7
	ILE517	CG2	3.4
		N	3.8
	PHE518	N	3.4
		CB	3.6
		CD2	3.6
O03	HIS90	NE2	3.4
	GLN192	OE1	3.3
	LEU352	O	3.3
	SER353	O	3.1
		C	3.8
	ALA516	CB	3.5
C22	HIS90	NE2	3.6
	ARG513	NH1	3.4
		CB	3.6
		CD	3.6
		CG	3.7
	VAL523	CG2	3.4
C08	VAL523	O	3.5
		CA	3.8
	ALA527	N	3.5
C09	MET522	O	3.7
	VAL523	CA	3.8
	GLY526	CA	3.7
	ALA527	N	3.7
C05	LEU352	CD2	3.4
C06	LEU352	CD2	3.7
C13	TYR355	CE2	3.7
	LEU359	CD1	3.5
		CD2	3.6
O01	VAL116	CG2	3.5
		CB	3.7
	TYR355	CE2	3.6
	LEU359	CD2	3.5
C14	VAL116	CB	3.7
	ARG120	NH1	3.4
	TYR355	CE2	3.6
C15	VAL116	CB	3.4
	ARG120	NH1	3.5
	TYR355	CE2	3.3

[10] 3-(2-ethoxyethyl)-2-methyl-5-(4-(methylsulfonyl)phenyl)-1-phenyl-1H-pyrrole, 잠재적 conformer의 COX-2에 대한 k_D = 28 nM

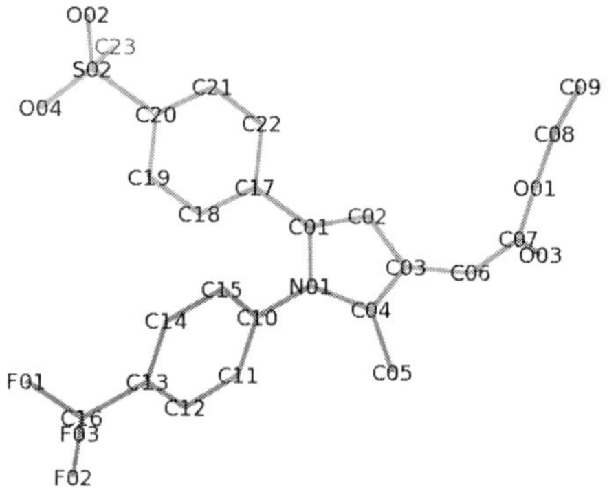

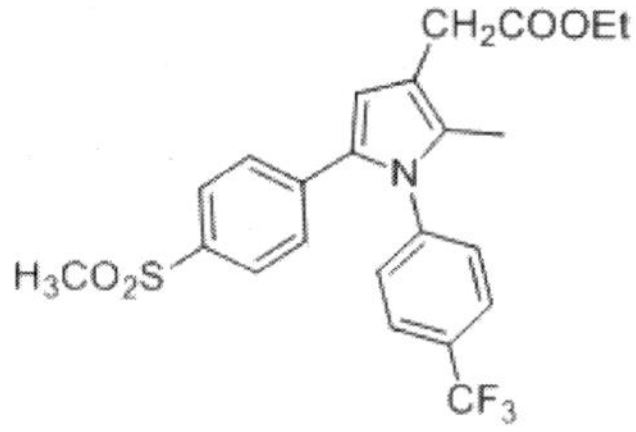

(6)

그림 6 저해제-6[11]의 원자명 표기

표 8 저해제-6과 근접한 COX-2 원자

리간드 원자	COX-2 잔기	COX-2 원자	거리(Å)	리간드 원자	COX-2 잔기	COX-2 원자	거리(Å)
C02	SER353	CB	3.6			CG	3.8
	TYR355	CE2	3.4	C23	HIS90	NE2	3.4
		OH	3.5		GLN192	OE1	3.3
		CZ	3.6		LEU352	O	3.3
C03	VAL349	CG1	3.6		SER353	O	3.2
C04	VAL349	CG1	3.4			C	3.8
C05	VAL349	CG1	3.7		ALA516	CB	3.4
C17	SER353	CA	3.6	C16	TRP387	CZ2	3.5
		CB	3.8	F01	TRP387	CZ2	2.8
C18	SER353	CA	3.6			CH2	3.5
C19	LEU352	O	3.4		PHE518	CE2	3.2
		C	3.7			CZ	3.7
	SER353	CA	3.8	F02	TYR385	CE2	3.4
C20	LEU352	O	3.6			CZ	3.6
C21	HIS90	CD2	3.7			OH	3.8
		NE2	3.7		TRP387	CZ2	3.0
	SER353	O	3.6			CH2	3.1
C22	SER353	CA	3.7	F03	LEU384	CD1	3.3
	TYR355	OH	3.2	C07	ARG120	NH1	3.8
		CZ	3.6	O03	ARG120	NH1	3.2
O02	HIS90	NE2	3.7	O01	VAL116	CB	3.5
	ARG513	NH1	3.5			CG2	3.7
		CB	3.8		TYR355	CE2	3.2
		CD	3.8	C08	VAL116	CB	3.5
O04	GLN192	OE1	3.4		ARG120	NH1	3.2
	LEU352	O	3.7		TYR355	CE2	3.5
	ILE517	CG2	3.4	C09	LEU93	CD2	3.5
	PHE518	N	3.5		VAL116	CG1	3.6
		CD2	3.5			CB	3.6
		CB	3.6		TYR355	CE2	3.4

[11] ethyl 2-(2-methyl-5-(4-(methylsulfonyl)phenyl)-1-(4-(trifluoromethyl)phenyl)-1H-pyrrol-3-yl)acetate, 잠재적 conformer의 COX-2에 대한 k_D = 17 nM

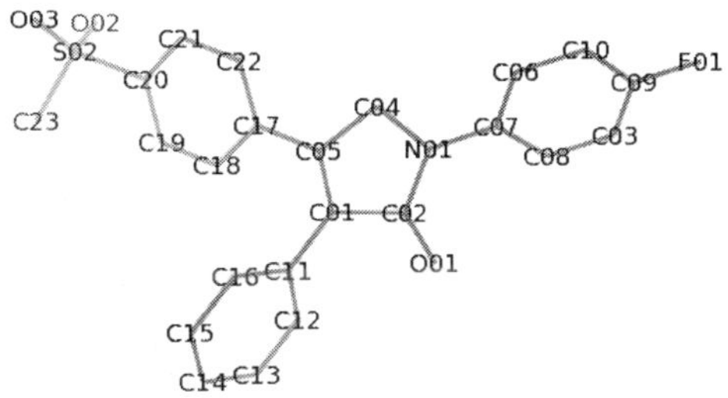

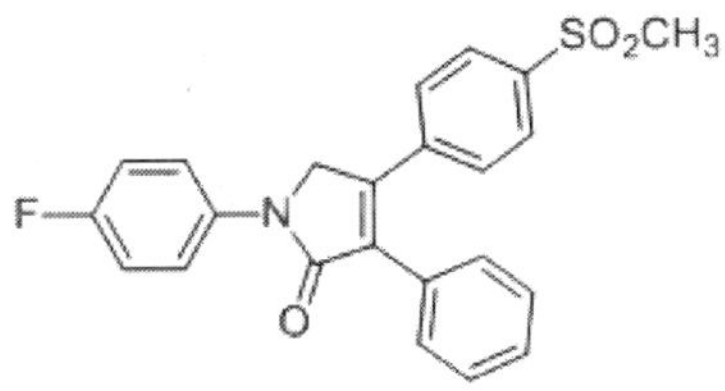

(7)

그림 7 저해제-7[12]의 원자명 표기

표 9 저해제-7과 근접한 COX-2 원자

리간드 원자	COX-2 잔기	COX-2 원자	거리(Å)	리간드 원자	COX-2 잔기	COX-2 원자	거리(Å)
N01	VAL349	CG1	3.3	O03	HIS90	NE2	3.3
O01	ALA527	CA	3.4			CE1	3.7
		CB	3.7		ARG513	NH1	3.3
C02	VAL349	CG1	3.6			CB	3.5
	ALA527	CB	3.7			CG	3.6
C12	LEU352	CD2	3.6			CD	3.6
C13	LEU352	CD2	3.6		VAL523	CG2	3.6
	TRP387	CH2	3.6	C23	GLN192	OE1	3.4
C14	TRP387	CZ2	3.7		ALA516	CB	3.4
	PHE518	CE2	3.6		ILE517	CG2	3.5
C15	MET522	O	3.3			N	3.6
	VAL523	CA	3.5		PHE518	N	3.2
	GLY526	CA	3.7			CB	3.5
C16	VAL523	O	3.5	C07	VAL349	CG1	3.4
		CA	3.5	C08	VAL349	CG1	2.7
	ALA527	N	3.6	C03	LEU531	CD2	3.7
C19	LEU352	O	3.3	C09	MET113	CE	3.7
C20	LEU352	O	3.6		VAL116	CG2	3.1
	VAL523	CG2	3.6		LEU531	CD2	3.1
C21	SER353	O	3.6			CD1	3.5
C22	SER353	CA	3.7	C10	VAL116	CG2	3.2
	TYR355	OH	3.5			CB	3.7
	VAL523	CG1	3.5		LEU531	CD1	3.4
S02	HIS90	NE2	3.7			CD2	3.5
	ALA516	CB	3.6	F01	MET113	CE	2.6
O02	HIS90	NE2	3.4			SD	3.6
	GLN192	OE1	3.3		VAL116	CG2	2.3
	LEU352	O	3.4			CB	3.7
	SER353	O	3.2		LEU117	CD1	3.4
	ALA516	CB	3.4	C06	LEU531	CD2	3.7

[12] 1-(4-fluorophenyl)-4-(4-(methylsulfonyl)phenyl)-3-phenyl-1,5-dihydro-2H-pyrrol-2-one, 잠재적 conformer의 COX-2에 대한 k_D = 34 nM

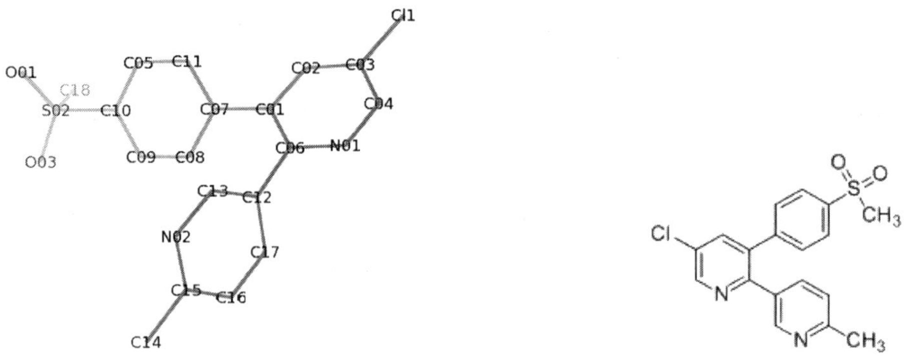

(8)

그림 8 저해제-8[13]의 원자명 표기

표 10 저해제-8과 근접한 COX-2 원자

리간드 원자	COX-2 잔기	COX-2 원자	거리(Å)
N01	VAL349	CG1	3.7
	ALA527	CB	3.5
		CA	3.7
C02	SER353	CB	3.6
	TYR355	CE2	3.7
		OH	3.8
C03	VAL349	CG1	3.5
C04	VAL349	CG1	3.4
Cl1	TYR355	CE2	3.5
C07	SER353	CA	3.7
C08	SER353	CA	3.7
C09	LEU352	O	3.3
		C	3.7
C10	LEU352	O	3.6
	VAL523	CG2	3.5
C05	SER353	O	3.7
		CA	3.8
	VAL523	CG1	3.8
		CG2	3.8
C11	SER353	CA	3.7
	TYR355	OH	3.3
		CZ	3.7
	VAL523	CG1	3.5
O01	HIS90	NE2	3.6
	ARG513	NH1	3.4
		CB	3.7
		CD	3.7
		CG	3.8
	VAL523	CG2	3.4
O03	GLN192	OE1	3.4
	LEU352	O	3.8
	ALA516	CB	3.7
	ILE517	CG2	3.5
	PHE518	N	3.4
		CB	3.6
		CD2	3.6
C18	HIS90	NE2	3.4
	GLN192	OE1	3.3
	LEU352	O	3.3
	SER353	O	3.1
		C	3.7
	ALA516	CB	3.5
C13	VAL523	O	3.3
		CA	3.6
	ALA527	N	3.4
		CA	3.7
		CB	3.7
N02	MET522	O	3.5
	VAL523	CA	3.3
		O	3.4
		C	3.8
	GLY526	CA	3.7
		C	3.8
	ALA527	N	3.5
C16	LEU352	CD2	3.7
C14	TRP387	CZ2	3.3
	PHE518	CE2	3.7
	MET522	CG	3.7
		O	3.8
C17	LEU352	CD2	3.8

[13] 5-chloro-6'-methyl-3-(4-(methylsulfonyl)phenyl)-2,3'-bipyridine, 잠재적 conformer의 COX-2에 대한 k_D = 12 nM

• Furans

중심고리가 furanone인 rofecoxib 계열의 저해제-9, -10은 APHS[14]가 COX-2를 아세틸화하는 것과 마찬가지로 phenyl 고리의 *para*-위치에 acetoxy나 N-acetylsulfonamido 그룹이 COX-2와 결합하여 동일한 반응이 일어난다. Furanone의 C5에 수산기를 추가한 저해제-13은 수용성염으로의 전환이 용이하며, alkyl 그룹의 크기는 COX-2에 대한 저해능의 점진적 감소를 가져온다. 저해제-16은 중심고리가 naphthofuranone이며 3,4-diarylfuranone에 입체적 경직성이 추가된 구조이다. 3a-위치의 수산기 유무는 COX-2에 대한 저해능에 큰 영향을 미친다. 저해제-17, -18에서는 중심고리에 pyranone이 위치한다.

표 11 COX-2/COX-1에 대한 (9)-(18)의 선택적 저해[24-33]

저해제	IC_{50} (μM)	
	COX-2	COX-1
9	0.0017	> 100
10	0.05	> 100
11	1.8	3.8
12	0.11	105
13	0.02	5.6
14	0.3	> 100
15	0.4	> 86
16	NA	386
17	0.0032	386
18	0.1	288

[14] o-(ace-toxyphenyl)hept-2-ynylsulfide

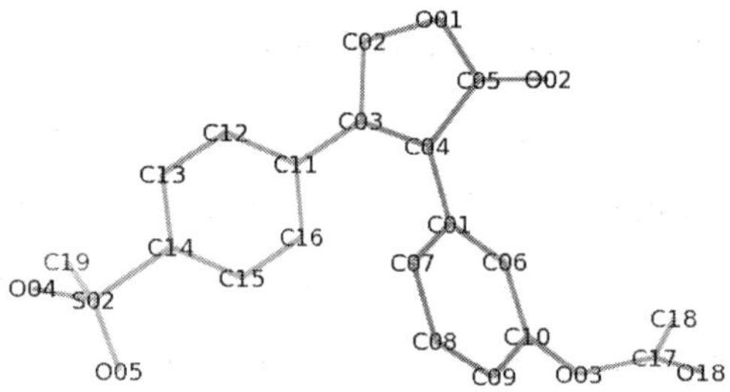

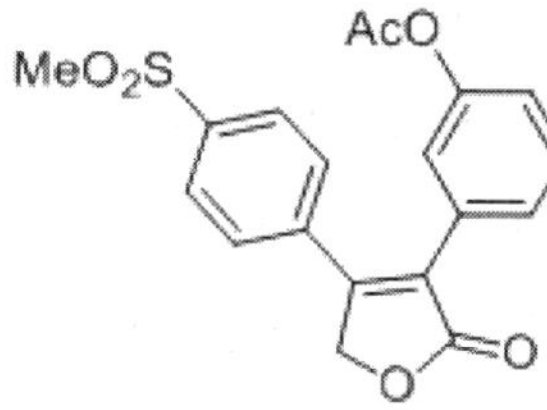

(9)

그림 9 저해제-9[15]의 원자명 표기

표 12 저해제-9와 근접한 COX-2 원자

리간드 원자	COX-2 잔기	COX-2 원자	거리(Å)
C07	VAL523	O	3.4
		CA	3.5
		CG1	3.7
	ALA527	N	3.6
C08	MET522	O	3.6
	VAL523	CA	3.4
		O	3.6
	GLY526	CA	3.7
	ALA527	N	3.6
C02	SER353	CB	3.7
	TYR355	OH	3.5
		CE2	3.6
		CZ	3.7
O01	VAL349	CG1	3.7
C05	VAL349	CG1	3.7
	ALA527	CB	3.6
O02	ALA527	CB	3.4
		CA	3.5
C11	SER353	CA	3.6
C12	SER353	CA	3.6
	TYR355	OH	3.3
		CZ	3.6
	VAL523	CG1	3.6
C13	HIS90	NE2	3.6
		CD2	3.6
	SER353	O	3.5
C14	LEU352	O	3.6
	VAL523	CG2	3.6
C15	LEU352	O	3.3
		C	3.7

리간드 원자	COX-2 잔기	COX-2 원자	거리(Å)
C16	SER353	CA	3.7
S02	ALA516	CB	3.6
O04	HIS90	NE2	3.5
	ARG513	NH1	3.4
		CB	3.5
		CG	3.6
		CD	3.6
	VAL523	CG2	3.5
O05	GLN192	OE1	3.4
	ALA516	CB	3.5
	ILE517	CG2	3.5
	PHE518	N	3.4
		CB	3.6
C19	HIS90	NE2	3.4
	GLN192	OE1	3.2
	LEU352	O	3.5
	SER353	O	3.2
	ALA516	CB	3.3
C17	TYR385	OH	3.0
		CZ	3.7
	SER530	OG	3.5
O18	TYR348	CE2	3.5
	VAL349	CG2	3.7
	TYR385	OH	3.0
	SER530	OG	3.2
C18	TYR385	CE2	3.2
		OH	3.4
		CZ	3.6
	SER530	CB	3.0
		OG	3.3

[15] 3-(4-(4-(methylsulfonyl)phenyl)-2-oxo-2,5-dihydrofuran-3-yl)phenyl acetate. 잠재적 conformer의 COX-2에 대한 k_D = 78 nM

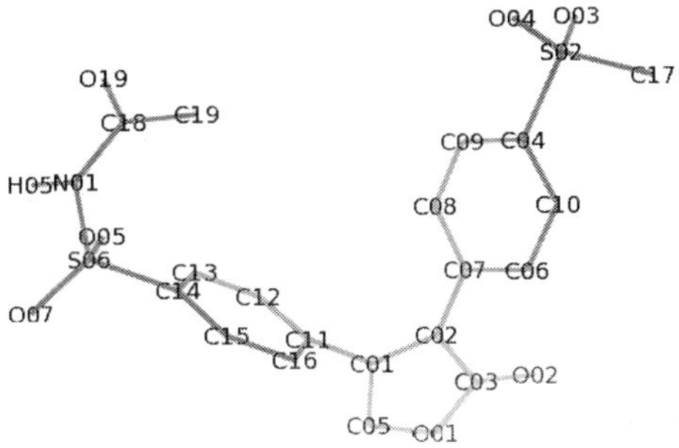

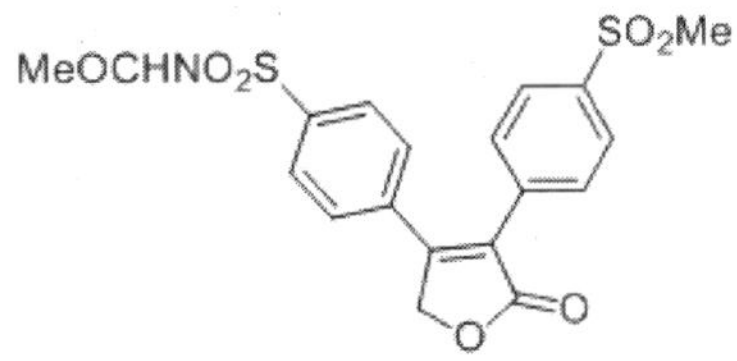

(10)

그림 10 저해제-10[16]의 원자명 표기

표 13 저해제-10과 근접한 COX-2 원자

리간드 원자	COX-2 잔기	COX-2 원자	거리(Å)	리간드 원자	COX-2 잔기	COX-2 원자	거리(Å)
C01	SER353	CA	3.5	O05	ARG120	NH1	3.0
	VAL523	CG1	3.7		LEU531	CD1	2.9
O01	LEU352	O	3.6	O07	VAL116	CB	3.2
	SER353	O	3.5			CG2	3.5
		CA	3.7		ARG120	NH1	3.5
O02	LEU352	O	3.7	C18	VAL349	CG1	3.4
	PHE518	CD2	2.9		LEU531	CD2	3.4
		CE2	3.7	O19	VAL349	CG1	3.2
	VAL523	CG2	3.5		LEU359	CD1	3.4
C03	LEU352	O	3.6		LEU531	CD2	3.4
	VAL523	CG2	3.4	C19	VAL349	CG1	3.4
C05	SER353	CA	3.3		LEU531	CD2	3.5
		O	3.3			CG	3.5
	TYR355	OH	3.7			CD1	3.6
C11	TYR355	OH	3.3	H05	VAL116	CG2	3.2
		CZ	3.7		LEU359	CD2	3.1
C12	SER353	CB	3.0	C09	LEU352	CD2	3.3
	SER353	CA	3.7	C06	PHE518	CD2	3.6
	TYR355	CE2	3.5		VAL523	CA	3.6
		CZ	3.6	O04	GLY526	O	3.2
		OH	3.7			C	3.6
C13	TYR355	CE2	3.2		SER530	CB	2.9
C14	TYR355	CE2	3.6			OG	3.3
C15	ARG120	NH1	3.2	O03	LEU352	CD2	3.6
		CZ	3.7		TYR385	OH	2.9
	TYR355	OH	3.3			CZ	3.3
	ALA527	CB	3.6			CE2	3.6
C16	TYR355	OH	3.1		TRP387	CH2	3.0
	VAL523	CG1	3.3			CZ2	3.6
S06	ARG120	NH1	3.5	C17	TRP387	CZ2	3.4

[16] 4-(4-(4-(methylsulfonyl)phenyl)-5-oxo-2,5-dihydrofuran-3-yl)phenyl 1-oxoethane-1-sulfonimidate, 잠재적 conformer의 COX-2에 대한 k_D = 0.98 μM

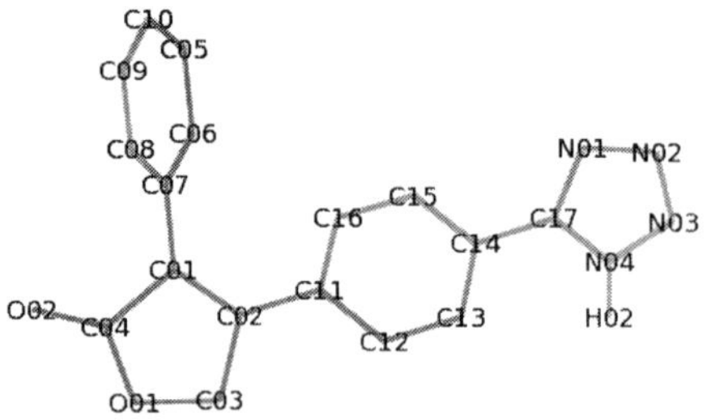

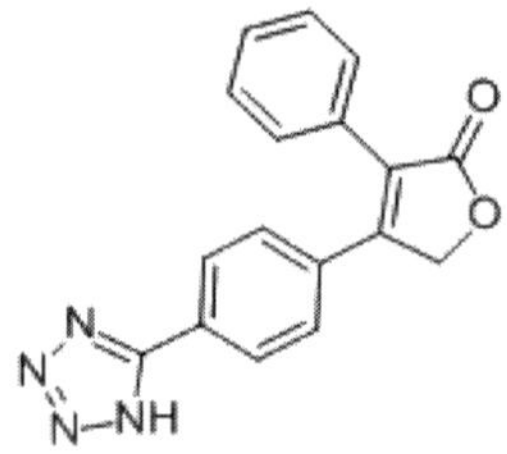

(11)

그림 11 저해제-11[17]의 원자명 표기

표 14 저해제-11과 근접한 COX-2 원자

리간드 원자	COX-2 잔기	COX-2 원자	거리(Å)	리간드 원자	COX-2 잔기	COX-2 원자	거리(Å)
C01	VAL349	CG1	3.7	C14	LEU352	O	3.7
	ALA527	CA	3.7		SER353	CA	3.5
O01	VAL349	CG1	3.7	C15	LEU352	C	3.8
	LEU531	CD1	3.7			O	3.8
C02	VAL349	CG1	3.7			CB	3.8
O02	ALA527	O	3.4	C17	LEU352	O	3.3
		CA	3.8		SER353	CA	3.8
	SER530	OG	3.1		VAL523	CG2	3.8
		CB	3.3	N01	LEU352	O	3.6
	LEU531	CG	3.3		PHE518	CD2	3.4
		CD2	3.5		VAL523	CG2	3.6
C03	VAL349	CG1	3.7	N02	GLN192	OE1	3.4
C04	VAL349	CG1	3.7		LEU352	O	3.8
	ALA527	CA	3.7		ALA516	CB	3.3
		CB	3.8	N03	HIS90	NE2	3.6
C08	VAL349	CG2	3.3		GLN192	OE1	3.5
	SER530	OG	3.6		LEU352	O	3.7
C09	LEU352	CD2	3.6		SER353	O	3.7
	TYR385	OH	3.6		ALA516	CB	3.3
C10	TYR385	OH	3.7	N04	HIS90	NE2	3.4
	TRP387	CH2	3.7		LEU352	O	3.3
C05	GLY526	C	3.8		SER353	O	3.0
C06	GLY526	C	3.6			C	3.6
	ALA527	N	3.5			CA	3.7
		CA	3.6	H02	HIS90	NE2	2.8
C12	TYR355	OH	3.7			CD2	3.4
	VAL523	CG1	3.6		LEU352	O	3.6
C13	SER353	CA	3.7		SER353	O	2.2
	TYR355	OH	3.8			C	3.0
	VAL523	CG1	3.5			CA	3.3

[17] 4-(4-(1H-tetrazol-5-yl)phenyl)-3-phenylfuran-2(5H)-one. 잠재적 conformer의 COX-2에 대한 k_D = 7.4 nM

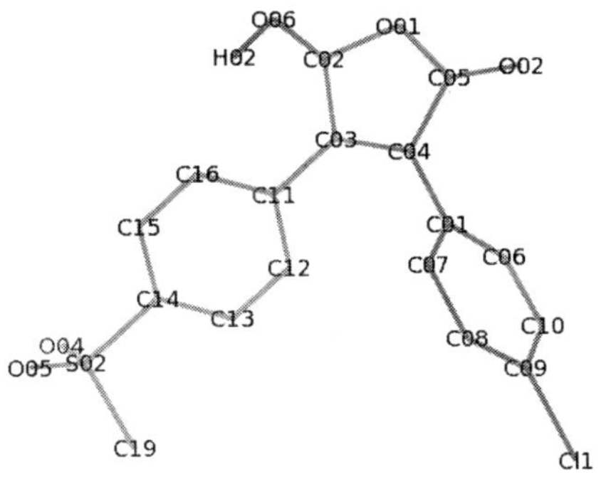

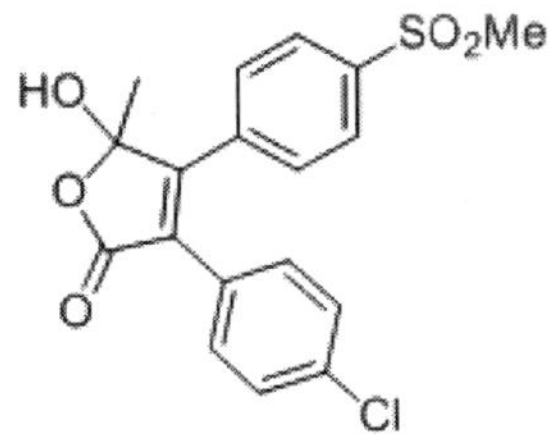

(12)

그림 12 저해제-12[18]의 원자명 표기

표 15 저해제-12와 근접한 COX-2 원자

리간드 원자	COX-2 잔기	COX-2 원자	거리(Å)	리간드 원자	COX-2 잔기	COX-2 원자	거리(Å)
C07	VAL523	O	3.4	C16	SER353	CA	3.7
		CA	3.6		TYR355	OH	3.3
	ALA527	N	3.5			CZ	3.7
C08	MET522	O	3.4		VAL523	CG1	3.5
	VAL523	CA	3.5	S02	HIS90	NE2	3.7
		O	3.6	O04	HIS90	NE2	3.4
	GLY526	CA	3.6		GLN192	OE1	3.3
		C	3.7		LEU352	O	3.3
	ALA527	N	3.6		SER353	O	3.0
Cl1	LEU384	CD1	3.5			C	3.7
	TRP387	CZ2	2.9		ALA516	CB	3.6
		CH2	3.6	O05	HIS90	NE2	3.3
O01	VAL349	CG1	3.3		HIS90	CE1	3.7
C05	VAL349	CG1	3.5		ARG513	NH1	3.3
	ALA527	CB	3.7			CB	3.7
O02	VAL349	CG1	3.8			CG	3.7
	ALA527	CA	3.5			CD	3.7
		CB	3.7		VAL523	CG2	3.5
C11	SER353	CA	3.7	C19	GLN192	OE1	3.5
C12	SER353	CA	3.8		ALA516	CB	3.6
C13	LEU352	O	3.3		ILE517	CG2	3.6
		C	3.7		PHE518	N	3.4
	SER353	CA	3.8			CB	3.5
C14	LEU352	O	3.6			CD2	3.7
	SER353	CA	3.7	O06	TYR355	OH	3.0
		O	3.8			CE2	3.4
	VAL523	CG2	3.7			CZ	3.4
C15	HIS90	CD2	3.7	H02	TYR355	OH	2.4
	SER353	O	3.6			CZ	3.1
		CA	3.7			CE2	3.4

[18] 3-(4-chlorophenyl)-5-hydroxy-5-methyl-4-(4-(methylsulfonyl)phenyl)furan-2(5H)-one, 잠재적 conformer의 COX-2에 대한 k_D = 17 nM

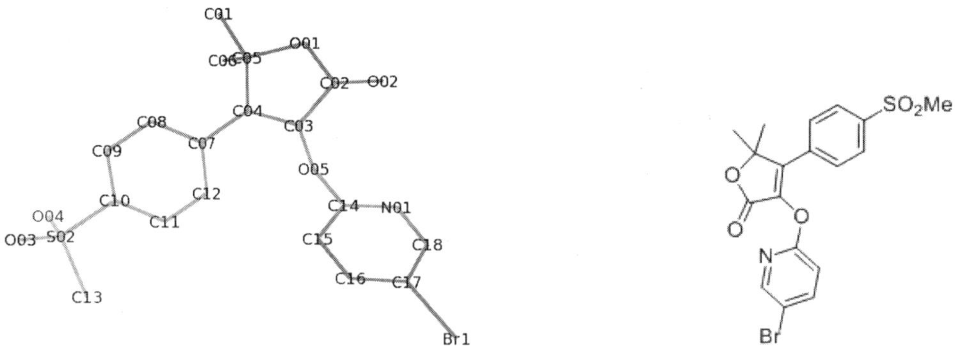

(13)

그림 13 저해제-13[19]의 원자명 표기

표 16 저해제-13과 근접한 COX-2 원자

리간드 원자	COX-2 잔기	COX-2 원자	거리(Å)	리간드 원자	COX-2 잔기	COX-2 원자	거리(Å)
C01	TYR355	CE2	3.3		GLN192	OE1	3.4
		OH	3.5		LEU352	O	3.2
		CZ	3.6		SER353	O	3.0
O01	ALA527	CB	3.4			C	3.6
C02	VAL349	CG1	3.3		ALA516	CB	3.6
O02	VAL349	CG1	3.3	O03	HIS90	NE2	3.2
		CG2	3.4			CE1	3.6
	SER530	OG	3.6			CD2	3.8
C03	VAL349	CG1	3.6		ARG513	NH1	3.2
C05	ALA527	CB	3.8			CG	3.7
C06	ARG120	NH2	3.8			CB	3.8
	VAL523	CG1	3.5			CD	3.8
	ALA527	CB	2.9		VAL523	CG2	3.6
C07	SER353	CA	3.8	C13	GLN192	OE1	3.5
C08	SER353	CA	3.6		ALA516	CB	3.5
		CB	3.8		ILE517	CG2	3.6
	TYR355	OH	3.5		PHE518	N	3.4
	VAL523	CG1	3.6			CB	3.6
C09	SER353	O	3.6			CD2	3.8
		CA	3.6	O05	LEU352	CD2	3.5
C10	LEU352	O	3.5	C14	LEU352	CD2	3.6
	SER353	CA	3.7	N01	LEU352	CD2	3.7
		O	3.8	C17	GLY526	CA	3.7
	VAL523	CG2	3.7	C16	GLY526	CA	3.7
C11	LEU352	O	3.3	Br1	PHE381	CE1	3.6
		C	3.8		LEU384	CD1	2.7
	PHE518	CD2	3.8		TYR385	CE2	3.5
	VAL523	CG2	3.8			CD2	3.5
S02	HIS90	NE2	3.6		TRP387	CZ2	3.7
O04	HIS90	NE2	3.4		GLY526	CA	3.4

[19] 3-((5-bromopyridin-2-yl)oxy)-5,5-dimethyl-4-(4-(methylsulfonyl)phenyl)furan-2(5H)-one, 잠재적 conformer의 COX-2에 대한 K_D = 0.15 μM

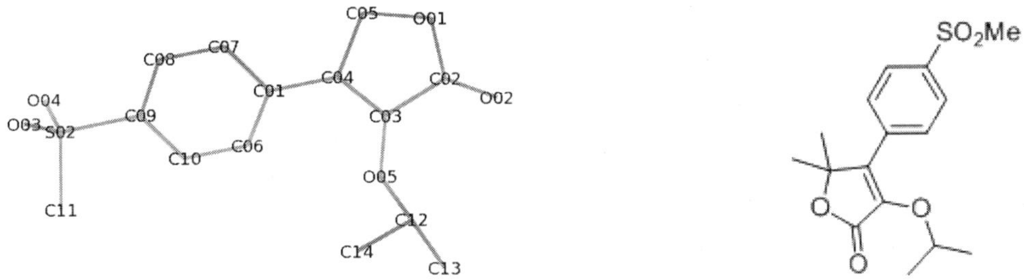

(14)

그림 14 저해제-14[20]의 원자명 표기

표 17 저해제-14와 근접한 COX-2 원자

리간드 원자	COX-2 잔기	COX-2 원자	거리(Å)
C01	SER353	CA	3.9
	VAL523	CG1	3.8
C07	SER353	CA	3.7
		CB	3.9
	TYR355	OH	3.5
		CZ	3.9
	VAL523	CG1	3.5
C08	SER353	O	3.6
		CA	3.6
	TYR355	OH	3.9
	VAL523	CG1	3.8
C09	LEU352	O	3.6
	SER353	CA	3.8
		O	3.8
	VAL523	CG2	3.6
C10	LEU352	O	3.4
		C	3.8
	PHE518	CD2	3.7
	VAL523	CG2	3.8
C02	VAL349	CG1	3.6
	ALA527	CB	3.7
		CA	3.8
O01	VAL349	CG1	3.6
	ALA527	CB	3.7
O02	VAL349	CG1	3.8
	ALA527	CA	3.6
	SER530	OG	3.6
		CB	3.8
C12	GLY526	C	3.8
	ALA527	N	3.6
		CA	3.9
C14	MET522	O	3.8
	VAL523	CA	3.6
		O	3.7
	ALA527	N	3.8
S02	HIS90	NE2	3.7
	LEU352	O	3.8
	ALA516	CB	3.9
O04	HIS90	NE2	3.4
	GLN192	OE1	3.4
	LEU352	O	3.2
	SER353	O	3.0
		C	3.6
	ALA516	CB	3.7
O03	HIS90	NE2	3.3
		CE1	3.7
		CD2	3.8
	ARG513	NH1	3.3
		CG	3.8
		CB	3.8
		CD	3.8
	VAL523	CG2	3.5
C11	GLN192	OE1	3.5
	ALA516	CB	3.6
	ILE517	CG2	3.6
		N	3.8
	PHE518	N	3.3
		CB	3.5
		CD2	3.7
		CG	3.9

[20] 3-isopropoxy-5,5-dimethyl-4-(4-(methylsulfonyl)phenyl)furan-2(5H)-one, 잠재적 conformer의 COX-2에 대한 k_D = 0.36 μM

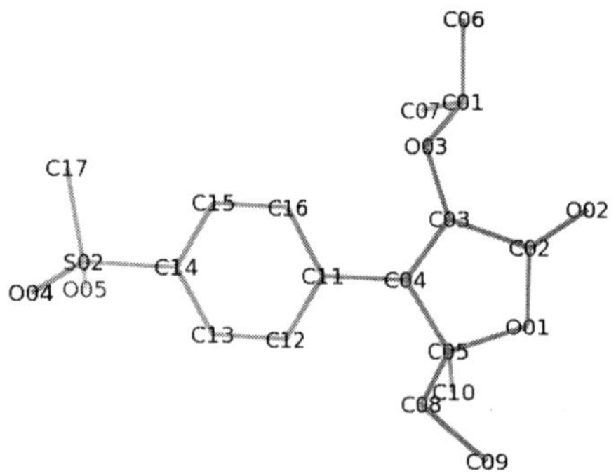

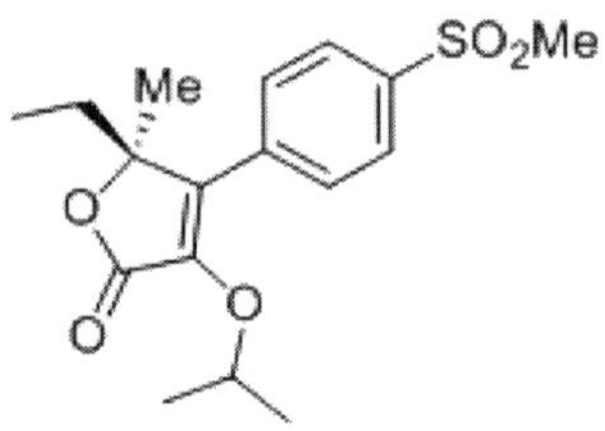

(15)

그림 15 저해제-15[21]의 원자명 표기

표 18 저해제-15와 근접한 COX-2 원자

리간드 원자	COX-2 잔기	COX-2 원자	거리(Å)
C06	LEU352	CD2	3.9
C07	MET522	O	3.8
	VAL523	CA	3.6
		O	3.7
	ALA527	N	3.7
C02	VAL349	CG1	3.6
	ALA527	CB	3.7
		CA	3.7
O01	VAL349	CG1	3.7
	ALA527	CB	3.6
O02	ALA527	CA	3.6
	SER530	CB	3.7
C10	ARG120	NH1	3.6
	TYR355	OH	3.6
	ALA527	CB	3.4
C08	VAL349	CG1	3.6
	SER353	CB	3.4
	TYR355	CE2	3.4
		CZ	3.8
C09	VAL349	CG1	3.6
	TYR355	CE2	3.5
	LEU359	CD1	3.6
C11	VAL523	CG1	3.8
C12	SER353	CA	3.7
	TYR355	OH	3.4
		CZ	3.8
	VAL523	CG1	3.5
C13	SER353	CA	3.6
		O	3.6
	TYR355	OH	3.8
	VAL523	CG1	3.8
C14	LEU352	O	3.6
	SER353	CA	3.8
		O	3.8
	VAL523	CG2	3.6
C15	LEU352	O	3.5
	PHE518	CD2	3.7
	VAL523	CG2	3.7
S02	HIS90	NE2	3.7
	LEU352	O	3.8
O04	HIS90	NE2	3.3
	GLN192	OE1	3.4
	LEU352	O	3.2
	SER353	O	2.9
		C	3.5
	ALA516	CB	3.7
O05	HIS90	NE2	3.3
		CE1	3.7
	ARG513	NH1	3.3
		CG	3.8
		CB	3.8
		CD	3.8
	VAL523	CG2	3.5
C17	GLN192	OE1	3.4
	ALA516	CB	3.6
	ILE517	CG2	3.5
		N	3.8
	PHE518	N	3.4
		CB	3.6
		CD2	3.7

[21] (S)-5-ethyl-3-isopropoxy-5-methyl-4-(4-(methylsulfonyl)phenyl)furan-2(5H)-one, 잠재적 conformer의 COX-2에 대한 k_D = 0.11 μM

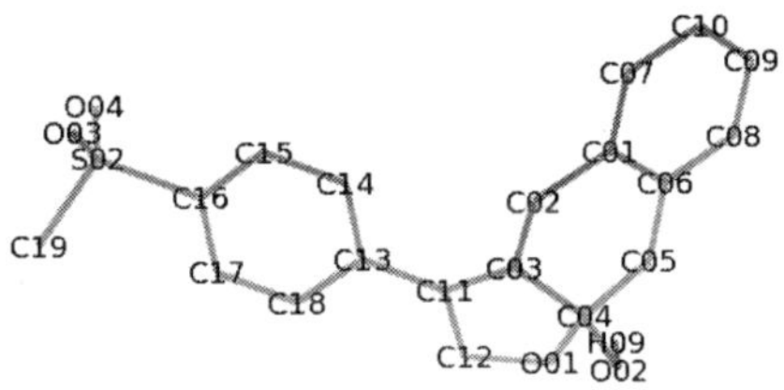

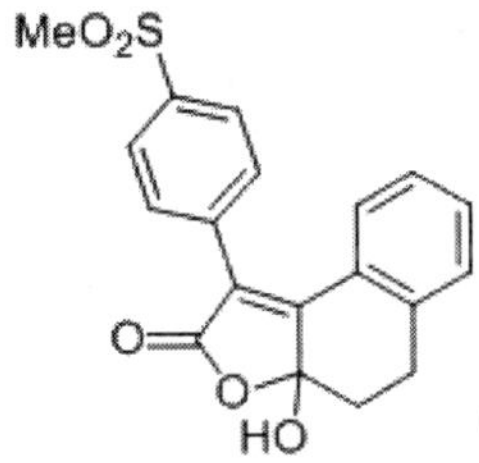

(16)

그림 16 저해제-16[22]의 원자명 표기

표 19 저해제-16과 근접한 COX-2 원자

리간드 원자	COX-2 잔기	COX-2 원자	거리(Å)
O01	VAL349	CG1	3.4
		CG2	3.4
C02	ALA527	CB	3.3
C04	VAL349	CG1	3.5
C05	VAL349	CG1	2.7
		CG2	3.6
		CB	3.7
C06	VAL349	CG1	3.4
C07	ARG120	NH1	3.4
	TYR355	CE2	3.7
C08	VAL349	CG1	3.7
	LEU531	CD2	3.6
		CD1	3.6
C09	VAL116	CG2	3.4
C09	LEU531	CD1	3.8
C10	VAL116	CG2	3.8
	ARG120	NH1	3.8
C12	LEU352	CD2	3.6
O02	ALA527	CA	2.5
		CB	3.0
		N	3.4
		C	3.5
		O	3.5
	SER530	CB	3.8
H09	ALA527	CA	2.0
		CB	2.1
		N	3.0
		C	3.1
		O	3.3
C14	SER353	CA	3.6
	VAL523	CG1	3.6
C15	SER353	CA	3.6
	VAL523	CG1	3.8
		CG2	3.8
C16	LEU352	O	3.4
	VAL523	CG2	3.6
C17	LEU352	O	3.3
		C	3.8
	PHE518	CD2	3.3
C18	PHE518	CD2	3.7
		CE2	3.8
S02	HIS90	NE2	3.7
O04	HIS90	NE2	3.4
	GLN192	OE1	3.4
	LEU352	O	3.2
	SER353	O	3.0
		C	3.6
	ALA516	CB	3.7
O03	HIS90	NE2	3.2
		CE1	3.7
		CD2	3.7
	ARG513	NH1	3.2
	VAL523	CG2	3.5
C19	GLN192	OE1	3.5
	ALA516	CB	3.3
	ILE517	CG2	3.7
		N	3.7
	PHE518	N	3.2
		CB	3.5
		O	3.7

[22] 3a-hydroxy-1-(4-(methylsulfonyl)phenyl)-4,5-dihydronaphtho[2,1-b]furan-2(3aH)-one, 잠재적 conformer의 COX-2에 대한 k_D = 0.36 μM

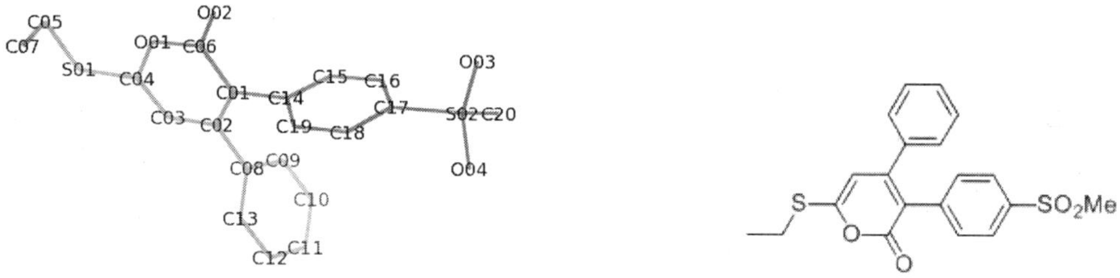

(17)

그림 17 저해제-17[23]의 원자명 표기

표 20 저해제-17과 근접한 COX-2 원자

리간드 원자	COX-2 잔기	COX-2 원자	거리(Å)
C01	SER353	CA	3.6
O01	LEU352	O	3.6
	SER353	O	3.6
		CA	3.6
O02	HIS90	CD2	3.4
		NE2	3.7
	SER353	O	3.3
		CA	3.5
		CB	3.7
	TYR355	OH	2.8
		CE1	2.9
		CZ	3.0
C03	PHE518	CD2	3.4
		CE2	3.7
C04	LEU352	O	3.3
	PHE518	CD2	3.7
	VAL523	CG2	3.6
C06	SER353	CA	3.3
		O	3.6
C14	TYR355	OH	3.7
C15	VAL349	CG1	3.7
	SER353	CB	3.0
C16	VAL349	CG1	3.6
	TYR355	CE2	3.5
C18	ARG120	NH1	3.4
	TYR355	OH	3.6
	ALA527	CB	3.5
C19	TYR355	OH	3.4
	VAL523	CG1	3.4
S02	ARG120	NH1	3.7
O04	ARG120	NH1	3.1
	LEU531	CD1	2.9
O03	VAL116	CB	3.3
		CG2	3.5
	TYR355	CE2	3.7
C20	LEU531	CD1	3.7
C09	VAL349	CG1	3.7
	LEU352	CD2	3.6
		CB	3.7
C10	VAL349	CG2	3.5
		CG1	3.6
	LEU352	CD2	3.6
C12	GLY526	C	3.7
	ALA527	N	3.5
		CA	3.6
S01	GLN192	OE1	3.6
	LEU352	O	3.5
	ILE517	CG2	3.4
	PHE518	CD2	3.2
		CB	3.6
		CG	3.6
		N	3.7
C05	GLN192	OE1	3.7
	ALA516	CB	3.0
C07	ARG513	CB	3.5
		CD	3.5
		NH1	3.7
	ALA516	CB	3.7
	PHE518	O	3.3
	VAL523	CG2	3.2

23 6-(ethylthio)-3-(4-(methylsulfonyl)phenyl)-4-phenyl-2H-pyran-2-one, 잠재적 conformer의 COX-2에 대한 K_D = 1.63 μM

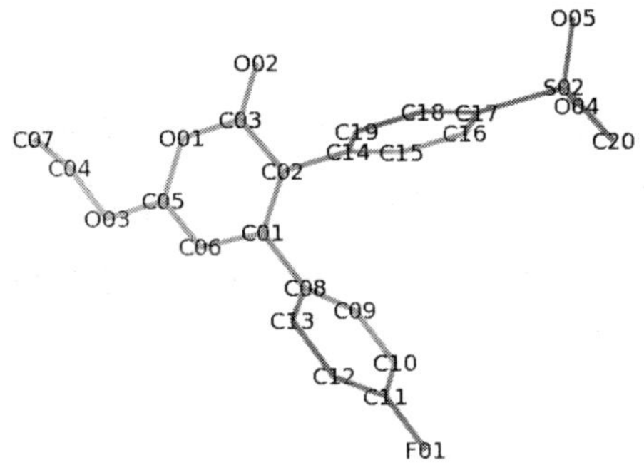

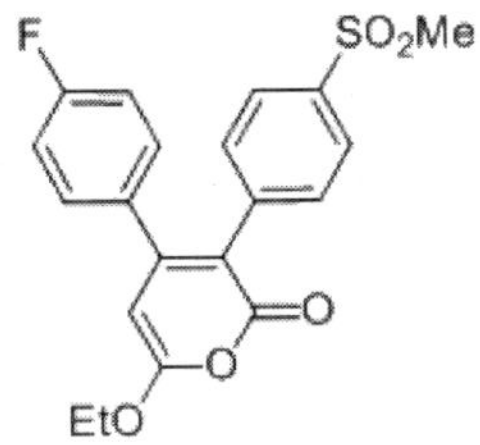

(18)

그림 18 저해제-18[24]의 원자명 표기

표 21 저해제-18과 근접한 COX-2 원자

리간드 원자	COX-2 잔기	COX-2 원자	거리(Å)
O01	LEU352	O	3.6
	SER353	O	3.6
		CA	3.7
O01	VAL523	CG2	3.7
C02	SER353	CA	3.6
	VAL523	CG1	3.7
O02	HIS90	CD2	3.3
		NE2	3.6
	SER353	O	3.3
		CA	3.5
	TYR355	OH	2.9
		CE1	3.0
		CZ	3.1
C03	SER353	CA	3.4
		O	3.6
C05	LEU352	O	3.4
	PHE518	CD2	3.6
	VAL523	CG2	3.5
C06	PHE518	CD2	3.2
		CE2	3.6
	VAL523	CG2	3.7
C09	LEU352	CD2	3.5
		CB	3.6
C10	VAL349	CG2	3.6
		CG1	3.7
	LEU352	CD2	3.5
C12	ALA527	N	3.6
F01	SER530	OG	3.0
		CB	3.0
C14	TYR355	OH	3.7
C15	SER353	CB	3.0
		CA	3.6
C16	VAL349	CG1	3.6
	SER353	CB	3.7
	TYR355	CE2	3.5
C17	TYR355	CE2	3.7
C18	ARG120	NH1	3.4
	TYR355	OH	3.6
	ALA527	CB	3.5
C19	TYR355	OH	3.4
	VAL523	CG1	3.3
S02	ARG120	NH1	3.7
O04	ARG120	NH1	3.1
	LEU531	CD1	2.9
O05	VAL116	CB	3.4
		CG2	3.5
	TYR355	CE2	3.7
C20	LEU531	CD1	3.7
O03	LEU352	O	3.6
	ILE517	CG2	3.6
	PHE518	CD2	3.2
		CB	3.6
		CG	3.6
C04	GLN192	OE1	3.5
	ALA516	CB	3.2
	PHE518	N	3.7
C07	ALA516	CB	3.5
	PHE518	O	3.1
		CB	3.7
	VAL523	CG2	3.3

[24] 6-ethoxy-4-(4-fluorophenyl)-3-(4-(methylsulfonyl)phenyl)-2H-pyran-2-one, 잠재적 conformer의 COX-2에 대한 K_D = 0.30 μM

● Thiophenes

저해제-19에서 -27은 thiophene을 중심고리로 갖은 다양한 위치이성질체로, 두 aryl 그룹의 인접성이 저해능의 중요 요인임을 보여준다. 아울러 methylsulfone이나 sulfonamide 그룹을 포함하지 않는 aryl 고리에는 추가적인 치환이 가능하며 para-위치의 methoxy 치환이나 meta-위치의 F 추가는 COX-1에 대한 저해능의 현저한 약화를 가져온다.

표 22 COX-2/COX-1에 대한 (19)-(27)의 선택적 저해[34, 35]

저해제	IC_{50} (μM)	
	COX-2	COX-1
19	0.25	>100
20	0.03	1.3
21	NA	NA
22	>100	0.05
23	0.05	0.9
24	0.03	>100
25	>100	>100
26	NA	NA
27	NA	NA

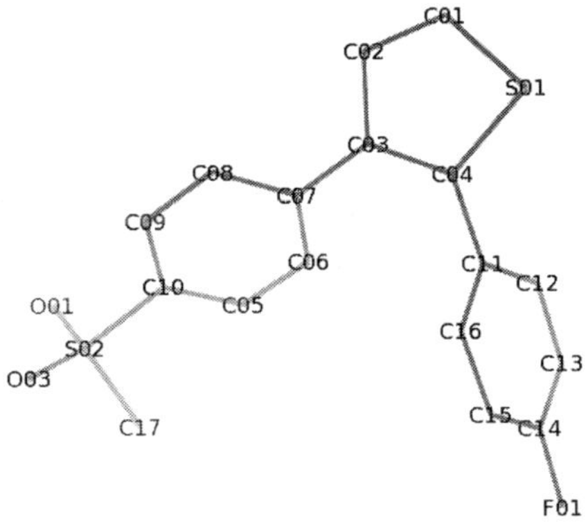

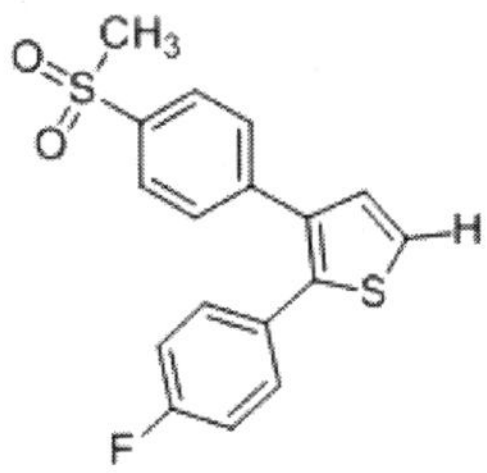

(19)

그림 19 저해제-19[25]의 원자명 표기

표 23 저해제-19와 근접한 COX-2 원자

리간드 원자	COX-2 잔기	COX-2 원자	거리(Å)	리간드 원자	COX-2 잔기	COX-2 원자	거리(Å)
C01	VAL349	CG1	3.7			CA	3.7
S01	VAL349	CG1	3.5	C10	LEU352	O	3.6
	ALA527	CB	3.8		SER353	CA	3.7
		CA	3.8			O	3.7
C12	LEU352	CD2	3.8		VAL523	CG2	3.7
C13	LEU352	CD2	3.7	C05	LEU352	O	3.2
	TRP387	CH2	3.8			C	3.7
C14	PHE518	CE2	3.6		SER353	CA	3.8
C15	MET522	O	3.3	C06	SER353	CA	3.8
		C	3.8	S02	HIS90	NE2	3.7
	VAL523	CA	3.3		ALA516	CB	3.8
		O	3.7	O01	HIS90	NE2	3.4
	GLY526	CA	3.7		GLN192	OE1	3.4
F01	TRP387	CZ2	2.9		LEU352	O	3.3
		CH2	3.6		SER353	O	3.1
	PHE518	CE2	3.4			C	3.7
	MET522	CG	3.5		ALA516	CB	3.5
C16	VAL523	O	3.3	O03	HIS90	NE2	3.4
		CA	3.4			CE1	3.8
		C	3.8		ARG513	NH1	3.3
	ALA527	N	3.6			CB	3.7
C07	SER353	CA	3.8			CG	3.7
	VAL523	CG1	3.8			CD	3.7
C08	SER353	CA	3.7		VAL523	CG2	3.5
	TYR355	OH	3.3	C17	GLN192	OE1	3.5
		CZ	3.7		ALA516	CB	3.6
	VAL523	CG1	3.6		ILE517	CG2	3.5
C09	HIS90	CD2	3.7		PHE518	N	3.4
		NE2	3.8			CB	3.5
	SER353	O	3.6			CD2	3.7

[25] 2-(4-fluorophenyl)-3-(4-(methylsulfonyl)phenyl)thiophene, 잠재적 conformer의 COX-2에 대한 k_D = 28 nM

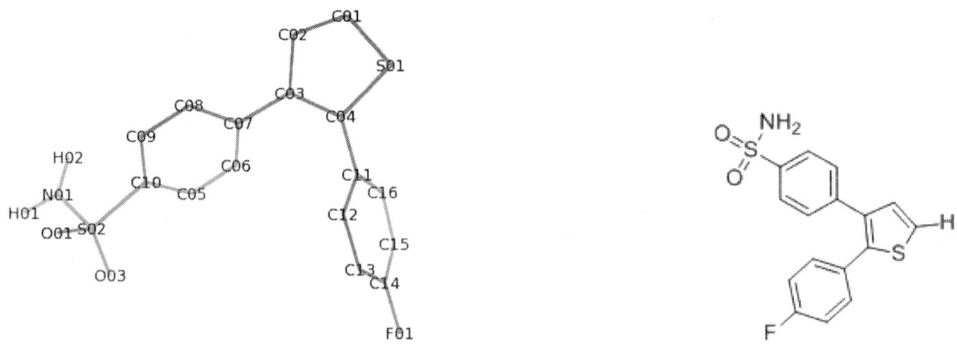

(20)

그림 20 저해제-20[26]의 원자명 표기

표 24 저해제-20과 근접한 COX-2 원자

리간드 원자	COX-2 잔기	COX-2 원자	거리(Å)	리간드 원자	COX-2 잔기	COX-2 원자	거리(Å)
C01	VAL349	CG1	3.7			C	3.5
	ALA527	CB	3.7		SER353	CA	3.7
S01	VAL349	CG1	3.6	C06	SER353	CA	3.7
	ALA527	CB	3.6	S02	VAL523	CG2	3.8
		CA	3.7	O01	HIS90	NE2	3.3
C12	VAL523	O	3.4		ARG513	NH1	3.2
		CA	3.5		VAL523	CG2	3.4
	ALA527	N	3.7	O03	GLN192	OE1	3.7
C13	MET522	O	3.3		ALA516	CB	3.7
	VAL523	CA	3.4		ILE517	CG2	3.7
		O	3.8		PHE518	N	3.4
	GLY526	CA	3.7			CB	3.5
C14	PHE518	CE2	3.7			CD2	3.6
C15	LEU352	CD2	3.8	N01	HIS90	NE2	3.5
	TRP387	CH2	3.7		GLN192	OE1	3.3
F01	TRP387	CZ2	2.9		LEU352	O	3.2
		CH2	3.6		SER353	O	3.1
	PHE518	CE2	3.6			C	3.7
	MET522	CG	3.6		ALA516	CB	3.6
C16	LEU352	CD2	3.7	H01	HIS90	NE2	3.5
C07	SER353	CA	3.8		GLN192	OE1	3.1
C08	SER353	CA	3.6		SER353	O	3.7
	TYR355	OH	3.4		ALA516	CB	2.7
	VAL523	CG1	3.6			CA	3.7
C09	SER353	O	3.6	H02	HIS90	NE2	3.2
		CA	3.6		LEU352	O	3.0
C10	LEU352	O	3.5		SER353	O	2.2
	SER353	CA	3.7			C	2.8
	VAL523	CG2	3.7			CA	3.4
C05	LEU352	O	3.1		GLY354	N	3.8

[26] 4-(2-(4-fluorophenyl)thiophen-3-yl)benzenesulfonamide, 잠재적 conformer의 COX-2에 대한 k_D = 17 nM

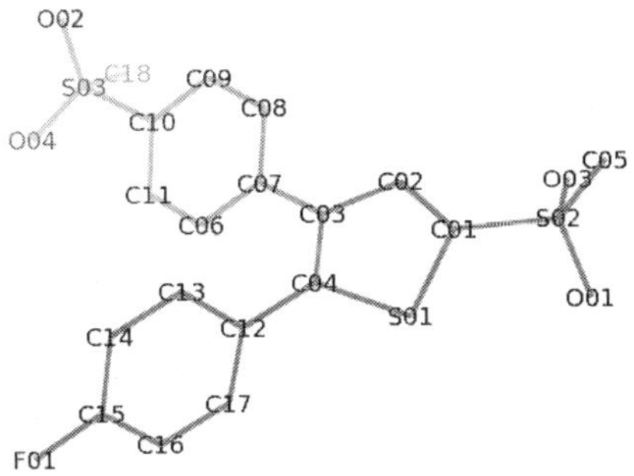

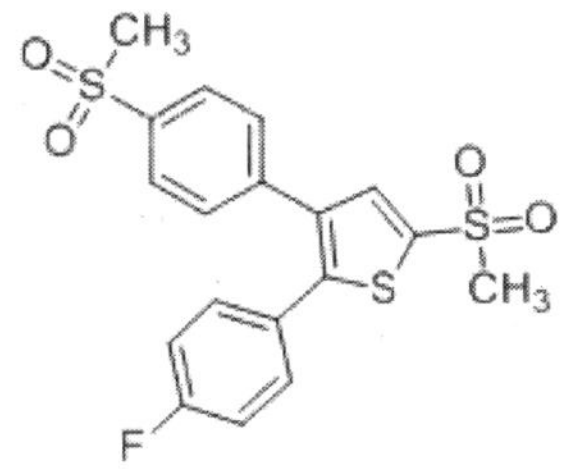

(21)

그림 21 저해제-21[27]의 원자명 표기

표 25 저해제-21과 근접한 COX-2 원자

리간드 원자	COX-2 잔기	COX-2 원자	거리(Å)	리간드 원자	COX-2 잔기	COX-2 원자	거리(Å)
C01	VAL349	CG1	3.8	C09	HIS90	NE2	3.7
S01	VAL349	CG1	3.4			CD2	3.7
	ALA527	CB	3.8		SER353	O	3.6
C02	TYR355	OH	3.7			CA	3.8
O01	VAL349	CG1	3.6	C10	LEU352	O	3.6
	LEU531	CD2	3.4		VAL523	CG2	3.6
		CD1	3.6	C11	LEU352	O	3.3
O03	ARG120	NH1	3.3			C	3.7
	LEU531	CD1	3.2	C06	SER353	CA	3.8
C05	TYR355	CE2	3.5	S03	ALA516	CB	3.7
	LEU359	CD2	3.6	O02	HIS90	NE2	3.5
C13	VAL523	O	3.4		ARG513	NH1	3.4
		CA	3.6			CB	3.6
	ALA527	N	3.6			CG	3.7
C14	MET522	O	3.5			CD	3.7
	VAL523	CA	3.5		ALA516	CB	3.7
		O	3.7		VAL523	CG2	3.5
	GLY526	CA	3.6	O04	GLN192	OE1	3.4
		C	3.8		ALA516	CB	3.6
	ALA527	N	3.7		ILE517	CG2	3.5
C16	LEU352	CD2	3.7			N	3.8
F01	TRP387	CZ2	3.1		PHE518	N	3.4
		CH2	3.6			CB	3.6
C17	LEU352	CD2	3.7			CD2	3.7
C07	SER353	CA	3.7	C18	HIS90	NE2	3.4
	VAL523	CG1	3.7		GLN192	OE1	3.2
C08	SER353	CA	3.7		LEU352	O	3.4
	TYR355	OH	3.4		SER353	O	3.1
		CZ	3.8			C	3.8
	VAL523	CG1	3.5		ALA516	CB	3.4

[27] 2-(4-fluorophenyl)-5-(methylsulfonyl)-3-(4-(methylsulfonyl)phenyl)thiophene, 잠재적 conformer의 COX-2에 대한 k_D = 10 nM

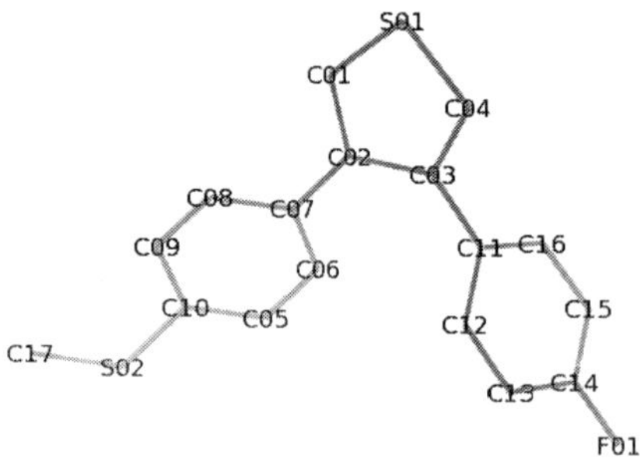

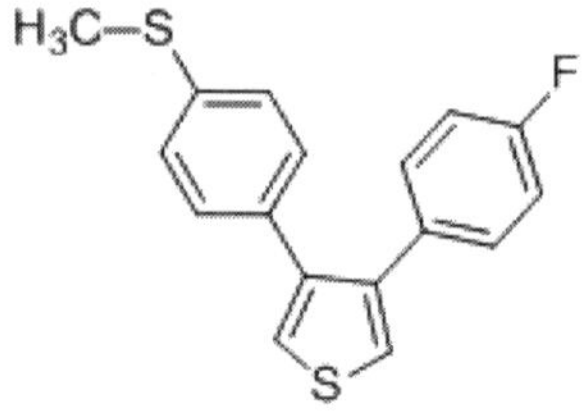

(22)

그림 22 저해제-22[28]의 원자명 표기

표 26 저해제-22와 근접한 COX-2 원자

리간드 원자	COX-2 잔기	COX-2 원자	거리(Å)
C01	SER353	CB	3.6
	TYR355	OH	3.7
		CE2	3.7
		CZ	3.8
S01	VAL349	CG1	3.8
C03	VAL349	CG1	3.8
	ALA527	CB	3.9
C04	VAL349	CG1	3.7
	ALA527	CB	3.5
		CA	3.9
C07	SER353	CA	3.6
		CB	3.9
	VAL523	CG1	4.0
C08	SER353	CA	3.6
		CB	3.9
	TYR355	OH	3.7
	VAL523	CG1	3.6
C09	SER353	CA	3.7
		O	3.7
	VAL523	CG2	3.6
		CG1	3.9
C10	LEU352	O	3.4
	SER353	CA	4.0
	VAL523	CG2	3.5
C05	LEU352	O	3.4
		C	3.7
	PHE518	CD2	3.5
		CE2	3.9
C06	LEU352	CB	3.9
		C	3.9
		O	4.0
	SER353	CA	3.9
		N	3.9
S02	GLN192	OE1	3.8
	LEU352	O	3.7
	ALA516	CB	3.9
	PHE518	CD2	4.0
	VAL523	CG2	3.9
C17	HIS90	NE2	3.6
		CE1	4.0
	ARG513	NH1	3.7
		CB	3.8
		CG	3.9
		CD	4.0
	ALA516	CB	3.6
	VAL523	CG2	3.6
C12	GLY526	C	4.0
	ALA527	N	3.6
		CA	3.7
C13	GLY526	C	3.7
		CA	3.9
	ALA527	N	3.8
C15	LEU352	CD2	3.7
F01	TYR385	CE2	3.5
		OH	3.6
		CZ	3.6
	TRP387	CH2	3.3
		CZ2	3.5
C16	VAL349	CG2	3.6
		CG1	3.8

28 3-(4-fluorophenyl)-4-(4-(methylthio)phenyl)thiophene, 잠재적 conformer의 COX-2에 대한 k_D = 78 nM

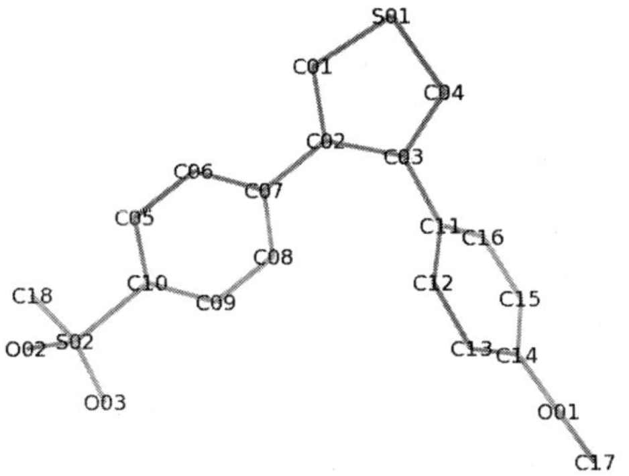

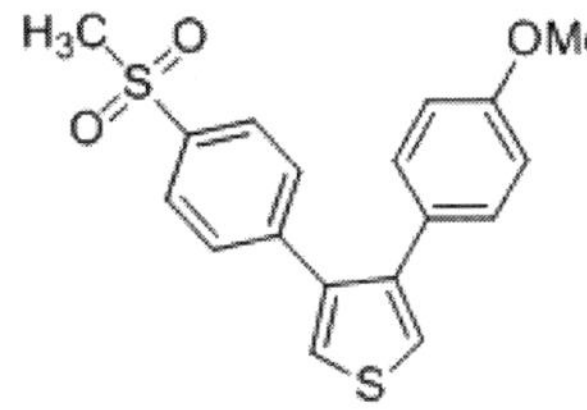

(23)

그림 23 저해제-23[29]의 원자명 표기

표 27 저해제-23과 근접한 COX-2 원자

리간드 원자	COX-2 잔기	COX-2 원자	거리(Å)
C01	SER353	CB	3.6
	TYR355	CE2	3.5
		OH	3.6
		CZ	3.7
S01	VAL349	CG1	3.8
C04	VAL349	CG1	3.6
	ALA527	CB	3.6
C07	SER353	CA	3.6
		CB	3.8
C08	SER353	CA	3.7
C09	LEU352	O	3.4
		C	3.8
C10	LEU352	O	3.6
	VAL523	CG2	3.5
C05	HIS90	CD2	3.7
		NE2	3.7
	SER353	O	3.6
		CA	3.8
	VAL523	CG1	3.8
C06	SER353	CA	3.7
	TYR355	OH	3.2
		CZ	3.6
	VAL523	CG1	3.6
O02	HIS90	NE2	3.6
	ARG513	NH1	3.4
		CB	3.7
		CD	3.8
		CG	3.8
	ALA516	CB	3.8
	VAL523	CG2	3.4
O03	GLN192	OE1	3.5
	LEU352	O	3.8
	ALA516	CB	3.8
	ILE517	CG2	3.4
	PHE518	N	3.4
		CB	3.6
		CD2	3.6
		CG	3.8
C18	HIS90	NE2	3.4
	GLN192	OE1	3.3
	LEU352	O	3.3
	SER353	O	3.1
		C	3.7
	ALA516	CB	3.5
C12	ALA527	N	3.6
		CA	3.7
		CB	3.8
C13	GLY526	C	3.7
		CA	3.8
	ALA527	N	3.6
C15	LEU352	CD2	3.7
C16	VAL349	CG2	3.8
O01	TYR385	CE2	3.7
	TRP387	CH2	3.5
		CZ2	3.5
C17	LEU384	CD1	3.5
	TYR385	CE2	3.5
		CD2	3.8
	TRP387	CZ2	3.6
	GLY526	CA	3.6

[29] 3-(4-methoxyphenyl)-4-(4-(methylsulfonyl)phenyl)thiophene, 잠재적 conformer의 COX-2에 대한 k_D = 66 nM

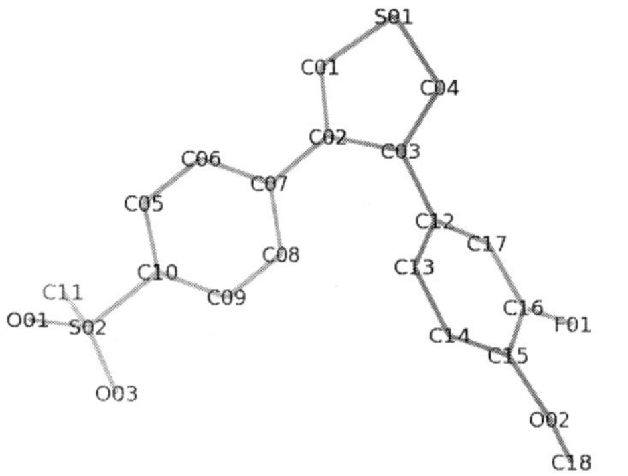

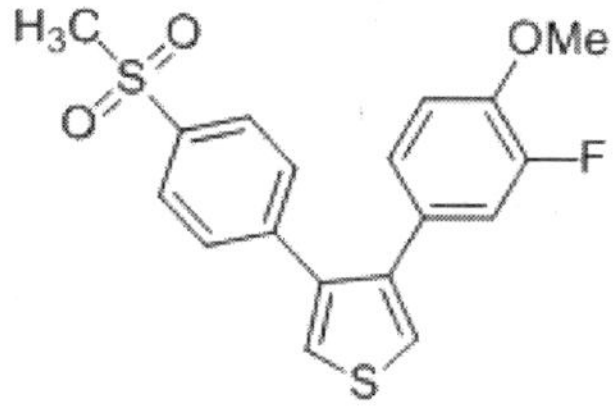

(24)

그림 24 저해제-24[30]의 원자명 표기

표 28 저해제-24와 근접한 COX-2 원자

리간드 원자	COX-2 잔기	COX-2 원자	거리(Å)	리간드 원자	COX-2 잔기	COX-2 원자	거리(Å)
C01	SER353	CB	3.6		ALA516	CB	3.8
	TYR355	CE2	3.5		ILE517	CG2	3.4
		OH	3.6		PHE518	N	3.4
		CZ	3.6			CB	3.6
S01	VAL349	CG1	3.8			CD2	3.6
C04	VAL349	CG1	3.6			CG	3.8
	ALA527	CB	3.6	C11	HIS90	NE2	3.4
C07	SER353	CA	3.6		GLN192	OE1	3.3
		CB	3.8		LEU352	O	3.3
C08	SER353	CA	3.7		SER353	O	3.1
C09	LEU352	O	3.4			C	3.7
		C	3.7		ALA516	CB	3.5
C10	LEU352	O	3.6	C13	ALA527	N	3.6
	VAL523	CG2	3.5			CA	3.7
C05	HIS90	CD2	3.8	C14	GLY526	C	3.7
		NE2	3.8		ALA527	N	3.6
	SER353	O	3.6	C16	LEU352	CD2	3.8
		CA	3.8	C17	VAL349	CG2	3.8
	VAL523	CG1	3.8	F01	VAL349	CG2	3.7
C06	SER353	CA	3.7		LEU352	CD2	3.5
	TYR355	OH	3.2		TYR385	OH	3.6
		CZ	3.6		SER530	OG	3.8
	VAL523	CG1	3.5	O02	TYR385	CE2	3.7
O01	HIS90	NE2	3.7		TRP387	CH2	3.5
	ARG513	NH1	3.4			CZ2	3.5
		CB	3.8	C18	LEU384	CD1	3.5
		CD	3.8		TYR385	CE2	3.5
	VAL523	CG2	3.4			CD2	3.8
O03	GLN192	OE1	3.4		TRP387	CZ2	3.6
	LEU352	O	3.8		GLY526	CA	3.6

[30] 3-(3-fluoro-4-methoxyphenyl)-4-(4-(methylsulfonyl)phenyl)thiophene, 잠재적 conformer의 COX-2에 대한 k_D = 40 nM

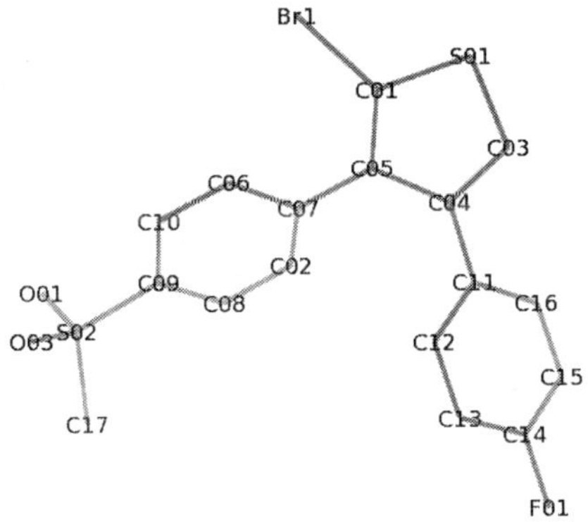

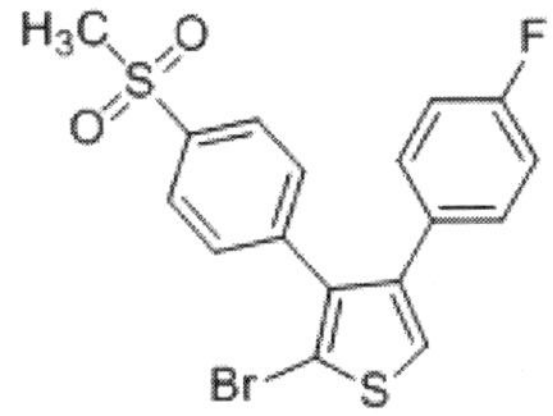

(25)

그림 25 저해제-25[31]의 원자명 표기

표 29 저해제-25와 근접한 COX-2 원자

리간드 원자	COX-2 잔기	COX-2 원자	거리(Å)
C01	VAL349	CG1	3.4
S01	VAL349	CG1	3.5
	ALA527	CB	3.7
C03	ALA527	CA	3.3
		CB	3.6
C04	ALA527	CA	3.8
Br1	VAL349	CG1	3.6
	SER353	CB	3.4
	TYR355	CE2	3.3
		CZ	3.8
C02	LEU352	CB	3.8
C08	LEU352	O	3.3
		C	3.6
	SER353	CA	3.8
	PHE518	CD2	3.8
C09	LEU352	O	3.6
	SER353	CA	3.7
	VAL523	CG2	3.6
C10	SER353	CA	3.7
	VAL523	CG1	3.5
		CG2	3.8
C06	TYR355	OH	3.7
	VAL523	CG1	3.4
S02	HIS90	NE2	3.8
	LEU352	O	3.7
	VAL523	CG2	3.8
O01	HIS90	NE2	3.5
	GLN192	OE1	3.6
	LEU352	O	2.9
	SER353	O	2.8
		C	3.3
		CA	3.7
O03	HIS90	NE2	3.2
		CD2	3.6
		CE1	3.8
	ARG513	NH1	3.1
	VAL523	CG2	3.3
C17	GLN192	OE1	3.6
	ALA516	CB	3.6
	ILE517	CG2	3.8
	PHE518	N	3.4
		CB	3.5
		CD2	3.8
		O	3.8
C11	ALA527	N	3.8
C12	VAL523	CA	3.6
		O	3.7
	ALA527	N	3.8
C13	MET522	O	3.2
		C	3.8
	VAL523	CA	3.7
	GLY526	CA	3.7
C14	TRP387	CZ2	3.6
	GLY526	CA	3.7
C15	TRP387	CZ2	3.8
F01	LEU384	CD1	3.0
	TRP387	CZ2	2.9
		CH2	3.8
	MET522	CG	3.6
		SD	3.7

[31] 2-bromo-4-(4-fluorophenyl)-3-(4-(methylsulfonyl)phenyl)thiophene, 잠재적 conformer의 COX-2에 대한 k_D = 0.11 μM

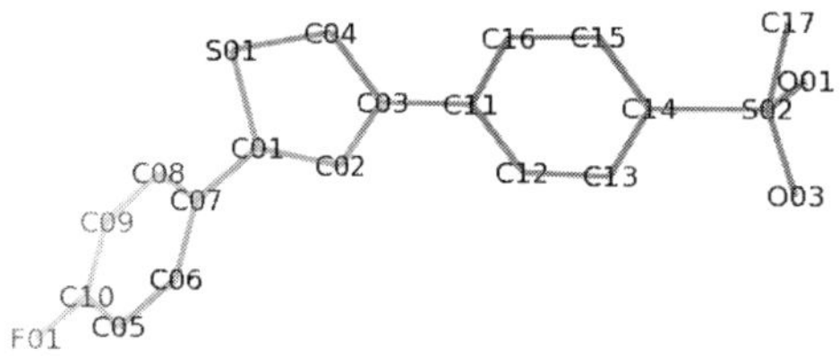

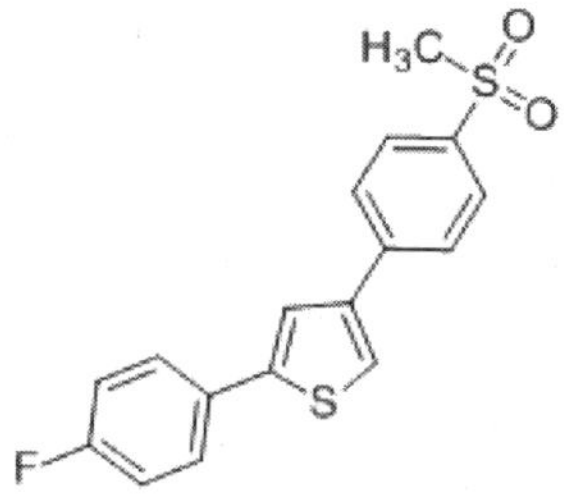

(26)

그림 26 저해제-26[32]의 원자명 표기

표 30 저해제-26과 근접한 COX-2 원자

리간드 원자	COX-2 잔기	COX-2 원자	거리(Å)	리간드 원자	COX-2 잔기	COX-2 원자	거리(Å)
C01	TYR355	CE2	3.6		ARG120	NH1	3.7
S01	VAL116	CG2	3.5	F01	LEU93	CD2	3.1
	LEU359	CD2	3.8			CD1	3.2
	LEU531	CD1	3.8			CG	3.4
C02	TYR355	CE2	3.6		VAL116	CG1	3.6
C03	VAL349	CG1	3.7	C06	VAL116	CB	3.6
C04	VAL349	CG1	3.5		ARG120	NH1	3.0
	LEU531	CD1	3.7		TYR355	CE2	3.6
		CD2	3.7	C11	VAL349	CG1	3.7
C07	VAL116	CB	3.5		ALA527	CB	3.5
		CG2	3.8	C12	ALA527	CB	3.5
	TYR355	CE2	3.1	C13	ALA527	CB	3.7
C08	VAL116	CG1	3.4	C14	ALA527	CA	3.7
		CB	3.4	C15	ALA527	CA	3.5
		CG2	3.8		SER530	CB	3.8
	TYR355	CE2	3.0	C16	VAL349	CG1	3.6
		CD2	3.3		ALA527	CA	3.6
	LEU359	CD2	3.5			CB	3.8
C09	VAL116	CG1	3.0	O01	LEU352	CD2	3.2
		CB	3.5			CG	3.8
	TYR355	CE2	3.5		TRP387	CH2	3.8
		CD2	3.6		PHE518	CE2	3.3
C10	LEU93	CD2	3.4	O03	MET522	O	3.4
		CG	3.7		VAL523	CA	3.7
		CD1	3.8			O	3.8
	VAL116	CG1	3.2		GLY526	CA	3.4
		CB	3.6			C	3.6
C05	LEU93	CD2	3.7		ALA527	N	3.6
	VAL116	CB	3.6	C17	GLY526	O	3.6
		CG1	3.8			C	3.7

[32] 2-(4-fluorophenyl)-4-(4-(methylsulfonyl)phenyl)thiophene, 잠재적 conformer의 COX-2에 대한 K_D = 3.78 μM

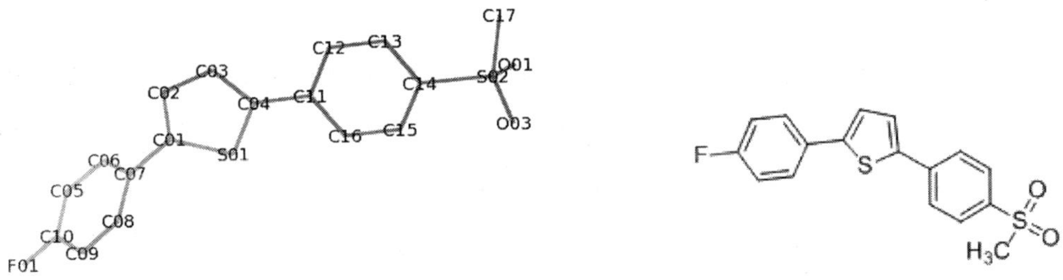

(27)

그림 27 저해제-27[33]의 원자명 표기

표 31 저해제-27과 근접한 COX-2 원자

리간드 원자	COX-2 잔기	COX-2 원자	거리(Å)
C01	TYR355	CE2	3.6
S01	TYR355	CE2	3.4
		OH	3.7
		CZ	3.8
C02	LEU531	CD1	3.7
C03	VAL349	CG1	3.7
	LEU531	CD1	3.6
		CD2	3.8
C04	VAL349	CG1	3.6
C07	VAL116	CB	3.7
	TYR355	CE2	3.0
		CD2	3.8
C08	VAL116	CB	3.7
	ARG120	NH1	3.0
	TYR355	CE2	3.5
		OH	3.8
C09	LEU93	CD2	3.7
	VAL116	CB	3.6
		CG1	3.8
	ARG120	NH1	3.7
	TYR355	CE2	3.8
C10	LEU93	CD2	3.5
		CG	3.8
	VAL116	CG1	3.1
		CB	3.5
	TYR355	CE2	3.8
C05	VAL116	CG1	2.9
		CB	3.4
	TYR355	CE2	3.4
		CD2	3.6
F01	LEU93	CD1	3.2
		CD2	3.2
		CG	3.4
	VAL116	CG1	3.3
C06	VAL116	CB	3.5
		CG1	3.6
		CG2	3.7
	TYR355	CE2	3.0
		CD2	3.3
	LEU359	CD2	3.3
C11	VAL349	CG1	3.7
	ALA527	CB	3.6
C12	VAL349	CG1	3.6
	ALA527	CA	3.7
C13	ALA527	CA	3.7
	SER530	CB	3.6
		OG	3.7
C16	ALA527	CB	3.6
O01	LEU352	CD2	3.3
	TRP387	CH2	3.3
		CZ2	3.5
	PHE518	CE2	3.4
O03	MET522	O	3.4
	GLY526	CA	3.2
		C	3.5
	ALA527	N	3.7
C17	TYR385	CE2	3.8
	GLY526	O	3.5
		C	3.7
	SER530	CB	3.7

33 2-(4-fluorophenyl)-5-(4-(methylsulfonyl)phenyl)thiophene, 잠재적 conformer의 COX-2에 대한 k_D = 4.48 μM

● Pyrazoles

저해제-28에서 -31은 celecoxib 계통으로 nimesulide의 methanesulfonamide 그룹의 도입, 수용성 증가를 위해 tetrazole 추가, 중심고리에 cyclic ether 추가 등의 변형체이다. 저해제-32은 curcumin[34] 유사체이며, 저해제-33에서는 두 aryl 그룹 중에 하나가 carbazole로 치환되어 있다. Carbazole 골격은 carvedilol[35], carazostatin[36], carprofen[37]에서도 보이는 다중 헤테로고리이다. Pyridazinone은 저해제-34, -35의 중심고리이며, 저해제-36, -37에서는 중심고리와 phenyl 고리를 추가로 연결하여 입체적 경직성을 증가하였다.

표 32 COX-2/COX-1에 대한 (28)-(37)의 선택적 저해[33, 36-43]

저해제	IC_{50} (μM)	
	COX-2	COX-1
28	0.03	15.6
29	1.7	> 100
30	1.9	4.1
31	1.2	> 100
32	NA	NA
33	NA	NA
34	0.06	~3
35	0.02	> 10
36	0.04	> 100
37	0.016	11

[34] 1,7-bis(4-hydroxy-3-methoxyphenyl)hepta-1,6-diene-3,5-dione
[35] 1-(9H-carbazol-4-yloxy)-3-[2-(2-methoxyphenoxy)ethylamino]propan-2-ol
[36] 1-heptyl-2-methyl-9H-carbazol-3-ol
[37] 2-(6-chloro-9H-carbazol-2-yl)propanoic acid

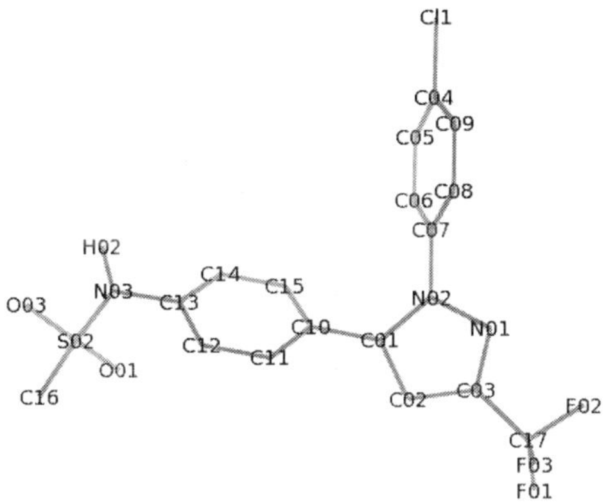

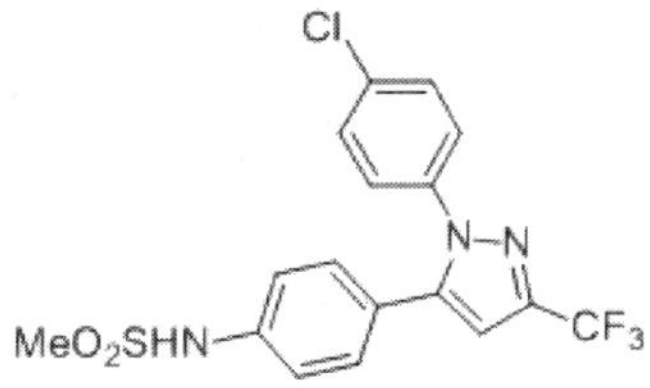

(28)

그림 28 저해제-28[38]의 원자명 표기

표 33 저해제-28과 근접한 COX-2 원자

리간드 원자	COX-2 잔기	COX-2 원자	거리(Å)	리간드 원자	COX-2 잔기	COX-2 원자	거리(Å)
C01	VAL523	CG1	3.6	C07	PHE518	CE2	3.6
N01	PHE518	CD2	3.0			CD2	3.6
		CE2	3.6	C08	PHE518	CD2	3.5
	VAL523	CG2	3.1			CE2	3.7
C02	SER353	CA	3.3		MET522	O	3.7
N02	PHE518	CD2	3.7		VAL523	CA	3.1
	VAL523	CG2	3.6			N	3.7
C03	LEU352	O	3.5	C09	MET522	O	3.3
	VAL523	CG2	3.5		GLY526	CA	3.7
C10	VAL523	CG1	3.8	C05	LEU352	CD2	3.5
C11	TYR355	OH	3.2	Cl1	TYR385	CE2	3.6
	VAL523	CG1	3.4		TRP387	CZ2	3.6
C12	ARG120	NH1	3.7		GLY526	CA	3.7
	TYR355	OH	3.3	C06	LEU352	CD2	3.4
C13	ALA527	CB	3.6			CG	3.7
C14	VAL349	CG1	3.3		PHE518	CE2	3.7
C15	VAL349	CG1	3.7	C17	LEU352	O	3.4
N03	LEU531	CD1	3.6	F01	GLN192	OE1	3.1
H02	LEU531	CD1	2.8		LEU352	O	3.0
		CG	3.4		SER353	O	3.4
		CD2	3.8		ALA516	CB	3.6
O01	TYR355	CE2	3.5	F02	GLN192	OE1	3.6
	LEU359	CD1	3.3		LEU352	O	3.7
		CD2	3.4		ILE517	CG2	3.4
O03	VAL116	CG2	3.0		PHE518	CD2	3.4
	LEU531	CD1	3.4			N	3.5
C16	VAL116	CB	3.2			CB	3.5
		CG2	3.5			CG	3.7
	ARG120	NH1	3.6	F03	ARG513	NH1	3.8
	TYR355	CE2	3.8		VAL523	CG2	3.2

[38] N-(4-(1-(4-chlorophenyl)-3-(trifluoromethyl)-1H-pyrazol-5-yl)phenyl)methanesulfonamide, 잠재적 conformer의 COX-2에 대한 K_D = 0.15 μM

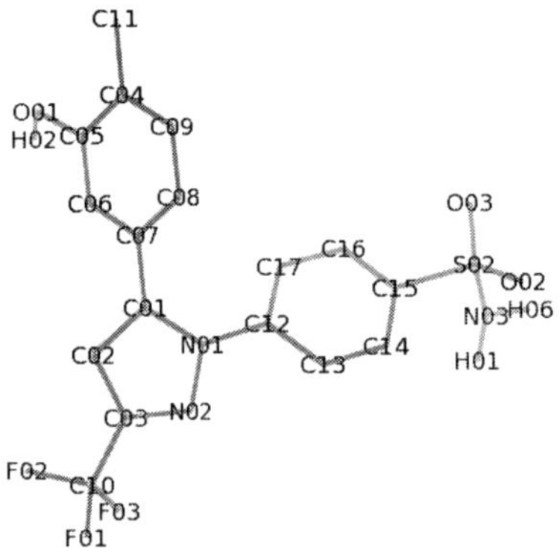

(29)

그림 29 저해제-29[39]의 원자명 표기

표 34 저해제-29와 근접한 COX-2 원자

리간드 원자	COX-2 잔기	COX-2 원자	거리(Å)	리간드 원자	COX-2 잔기	COX-2 원자	거리(Å)
C02	VAL349	CG1	3.5		VAL523	CG2	3.7
	ALA527	CB	3.7	O03	GLN192	OE1	3.3
N02	TYR355	OH	3.6		ALA516	CB	3.6
C03	VAL349	CG1	3.7		ILE517	CG2	3.5
C08	VAL523	O	3.6		PHE518	N	3.5
	ALA527	N	3.6			CB	3.7
C09	GLY526	CA	3.7	N03	HIS90	NE2	3.5
		C	3.7		GLN192	OE1	3.2
	ALA527	N	3.6		LEU352	O	3.1
C04	GLY526	C	3.7		SER353	O	3.0
C11	TRP387	CZ2	3.4			C	3.6
	GLY526	CA	3.6		ALA516	CB	3.6
O01	TYR385	OH	3.5	H01	HIS90	NE2	2.8
	SER530	OG	3.7			CE1	3.6
H02	LEU352	CD2	3.7		LEU352	O	3.4
	TYR385	OH	3.5		SER353	O	2.1
	SER530	OG	3.6			C	3.0
C13	SER353	CA	3.7			CA	3.7
	TYR355	OH	3.3	H06	HIS90	NE2	3.6
	VAL523	CG1	3.5		GLN192	OE1	2.9
C14	SER353	O	3.6		SER353	O	3.6
C15	LEU352	O	3.6		ALA516	CB	2.7
	VAL523	CG2	3.6			CA	3.7
C16	LEU352	O	3.3	F01	ARG120	NH1	3.7
	LEU352	C	3.7	F02	VAL349	CG1	3.7
O02	HIS90	NE2	3.3		LEU531	CD1	3.7
		CE1	3.7	F03	TYR355	CE2	3.3
	ARG513	NH1	3.5			CD2	3.7
		CB	3.7		LEU359	CD1	3.4
	ALA516	CB	3.7			CD2	3.7

[39] 4-(5-(3-hydroxy-4-methylphenyl)-3-(trifluoromethyl)-1H-pyrazol-1-yl)benzenesulfonamide, 잠재적 conformer의 COX-2에 대한 k_D = 1.2 nM

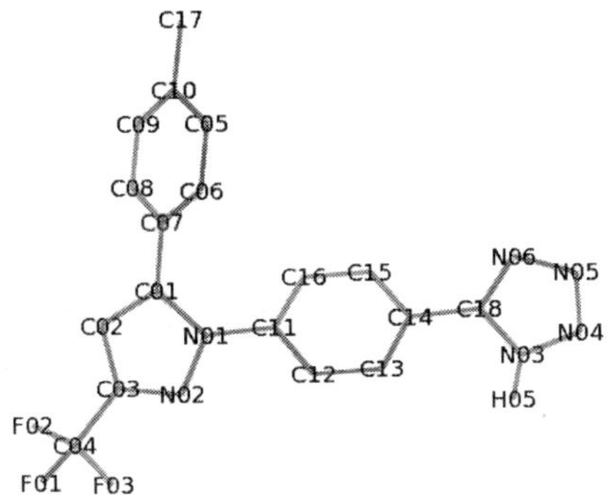

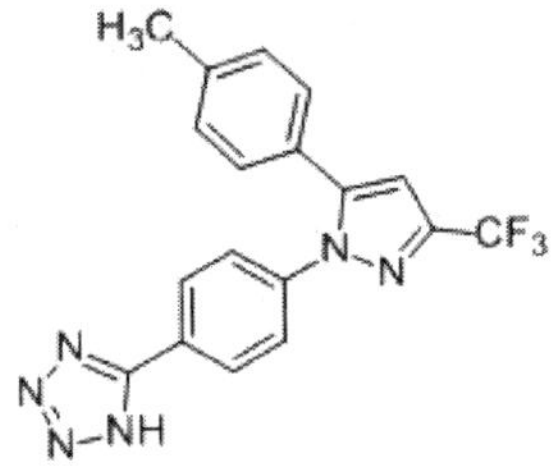

(30)

그림 30 저해제-30[40]의 원자명 표기

표 35 저해제-30과 근접한 COX-2 원자

리간드 원자	COX-2 잔기	COX-2 원자	거리(Å)	리간드 원자	COX-2 잔기	COX-2 원자	거리(Å)
C01	VAL349	CG1	3.6			N	3.8
	ALA527	CB	3.8	C18	LEU352	O	3.4
C02	VAL349	CG1	3.4		VAL523	CG2	3.8
C03	VAL349	CG1	3.6	N03	HIS90	NE2	3.2
C07	ALA527	CA	3.6		LEU352	O	3.4
C08	VAL349	CG2	3.7		SER353	O	3.0
	SER530	OG	3.5			C	3.7
		CB	3.7	N04	HIS90	NE2	3.6
C09	SER530	OG	3.5		GLN192	OE1	3.4
		CB	3.5		ALA516	CB	2.8
C05	GLY526	C	3.5	H05	HIS90	NE2	2.6
		CA	3.7			CD2	3.4
	ALA527	N	3.5			CE1	3.6
C17	TYR385	CE2	3.5		LEU352	O	3.6
	TRP387	CZ2	3.5		SER353	O	2.2
		CH2	3.6			C	3.1
C06	ALA527	N	3.4			CA	3.6
		CA	3.5	N05	GLN192	OE1	3.4
		CB	3.7		ALA516	CB	2.9
C12	TYR355	OH	3.3		PHE518	N	3.7
		CZ	3.7	N06	PHE518	CD2	3.7
	VAL523	CG1	3.6		VAL523	CG2	3.5
C13	SER353	CA	3.6	C04	LEU531	CD1	3.7
	TYR355	OH	3.6	F01	VAL116	CG2	3.5
	VAL523	CG1	3.6		LEU531	CD1	3.2
C14	LEU352	O	3.6	F02	LEU531	CD2	3.2
	SER353	CA	3.5			CD1	3.4
C15	LEU352	O	3.5			CG	3.7
		C	3.6	F03	LEU359	CD2	3.6
	SER353	CA	3.6			CD1	3.6

[40] 5-(4-(5-(p-tolyl)-3-(trifluoromethyl)-1H-pyrazol-1-yl)phenyl)-1H-tetrazole, 잠재적 conformer의 COX-2에 대한 k_D = 7.4 nM

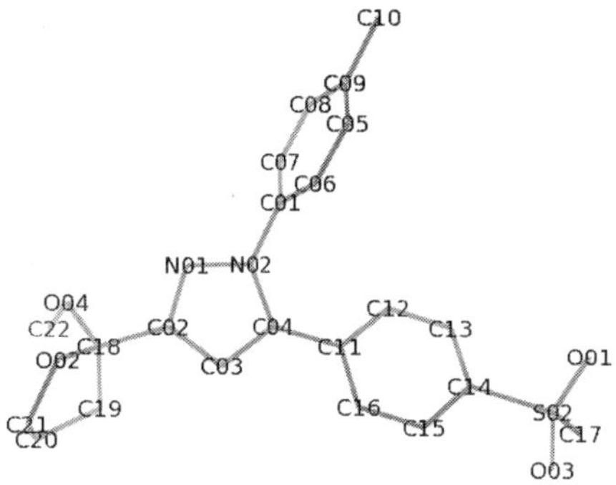

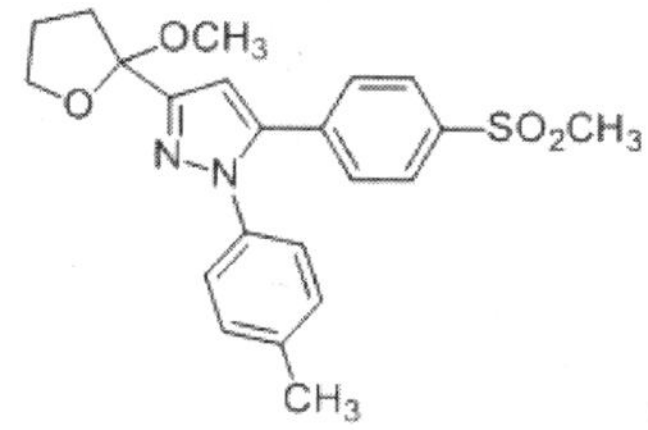

(31)

그림 31 저해제-31[41]의 원자명 표기

표 36 저해제-31과 근접한 COX-2 원자

리간드 원자	COX-2 잔기	COX-2 원자	거리(Å)
C05	MET522	O	3.6
	VAL523	CA	3.6
		O	3.7
	GLY526	CA	3.6
		C	3.7
	ALA527	N	3.6
C06	VAL523	O	3.4
		CA	3.6
	ALA527	N	3.5
C10	TRP387	CZ2	3.2
N01	VAL349	CG1	3.6
	ALA527	CB	3.6
C03	TYR355	OH	3.6
C19	TYR355	CE2	3.6
	LEU359	CD1	3.6
C20	VAL116	CG2	3.2
		CB	3.5
	LEU359	CD2	3.4
C21	VAL116	CB	3.5
		CG2	3.5
	ARG120	NH1	3.4
O02	ARG120	NH1	3.4
	LEU531	CD1	3.5
O04	VAL349	CG1	3.6
	LEU531	CD2	3.4
		CD1	3.4
		CG	3.6
C22	VAL349	CG1	3.3
	LEU359	CD1	3.5
	LEU531	CD2	3.5
C11	VAL523	CG1	3.7
C13	LEU352	O	3.2
C14	LEU352	O	3.4
	VAL523	CG2	3.6
C15	HIS90	NE2	3.7
	SER353	O	3.5
C16	SER353	CA	3.7
	TYR355	OH	3.4
	VAL523	CG1	3.5
S02	GLN192	OE1	3.6
	LEU352	O	3.6
	ALA516	CB	3.6
O01	GLN192	OE1	3.2
	ALA516	CB	3.6
	ILE517	CG2	3.2
		N	3.6
	PHE518	N	3.3
		CB	3.6
		CD2	3.7
O03	HIS90	NE2	3.5
	GLN192	OE1	3.2
	LEU352	O	3.4
	SER353	O	3.3
	ALA516	CB	3.3
C17	ARG513	CB	3.5
		NH1	3.6
		CD	3.6
		CG	3.7
	ALA516	CB	3.6
	VAL523	CG2	3.5

[41] 3-(2-methoxytetrahydrofuran-2-yl)-5-(4-(methylsulfonyl)phenyl)-1-(p-tolyl)-1H-pyrazole. 잠재적 conformer의 COX-2에 대한 k_D = 6.2 nM

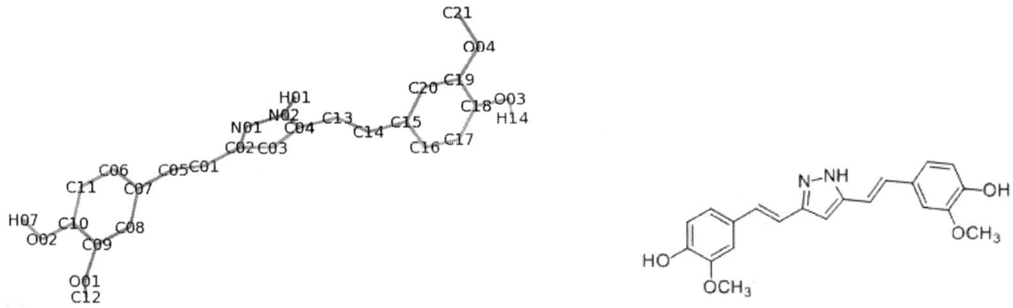

(32)

그림 32 저해제-32[42]의 원자명 표기

표 37 저해제-32와 근접한 COX-2 원자

리간드 원자	COX-2 잔기	COX-2 원자	거리(Å)
C01	PHE518	CD2	3.1
		CE2	3.5
C02	LEU352	O	3.5
N01	SER353	CA	3.7
N02	HIS90	NE2	3.1
		CD2	3.5
	SER353	O	2.9
		C	3.6
		CA	3.6
C04	HIS90	NE2	3.5
	LEU352	O	3.2
	SER353	O	3.2
H01	HIS90	NE2	2.3
		CD2	2.6
		CE1	3.5
	SER353	O	2.7
		C	3.6
	TYR355	CE1	3.5
C03	GLN192	OE1	3.7
	LEU352	O	2.9
C13	HIS90	NE2	3.2
		CE1	3.6
	GLN192	OE1	3.4
	SER353	O	3.2
	ALA516	CB	3.2
C14	HIS90	NE2	3.4
	GLN192	OE1	3.4
	LEU352	O	3.7
	SER353	O	2.6
		C	3.3
	GLY354	CA	3.7
C15	SER353	O	3.7
C16	GLN192	CD	3.3
		OE1	3.5
		CG	3.5
C17	ASP515	O	3.3
C18	PRO514	O	3.3
C19	PRO514	O	3.3
C20	HIS90	CE1	3.3
		NE2	3.6
	THR94	CG2	3.5
O03	PRO514	O	3.5
	ASP515	CB	3.6
H14	ASP515	CB	3.1
		O	3.7
O04	THR94	OG1	3.6
	PRO514	O	3.4
C21	HIS90	CE1	3.7
	THR94	OG1	3.4
	PRO514	O	3.4
C07	PHE518	CE2	3.6
C08	LEU352	CD2	3.5
C06	PHE518	CD2	3.6
		CE2	3.6
O01	LEU352	CD2	3.5
	TYR385	OH	3.6
C12	VAL349	CG2	3.5
O02	TYR385	CE2	3.6
	TRP387	CZ2	3.5
H07	LEU384	CD1	3.2

[42] 4,4'-((1E,1'E)-(1H-pyrazole-3,5-diyl)bis(ethene-2,1-diyl))bis(2-methoxyphenol). 잠재적 conformer의 COX-2에 대한 k_D = 1.16 μM

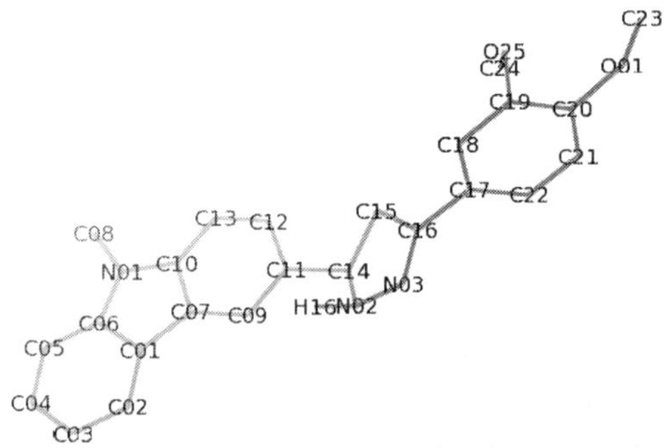

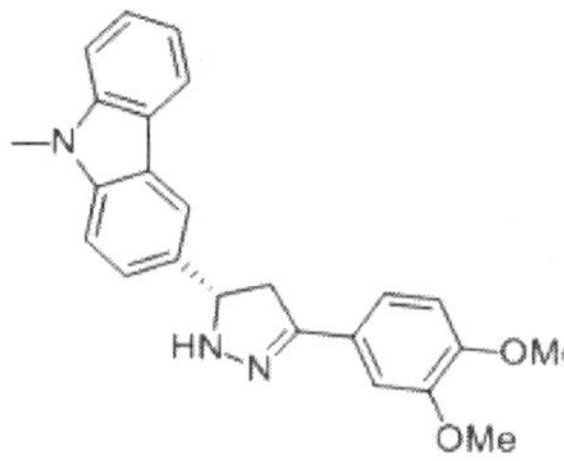

(33)

그림 33 저해제-33[43]의 원자명 표기

표 38 저해제-33과 근접한 COX-2 원자

리간드 원자	COX-2 잔기	COX-2 원자	거리(Å)	리간드 원자	COX-2 잔기	COX-2 원자	거리(Å)
C02	LEU352	CD2	3.7	H16	GLN192	OE1	3.6
	PHE518	CE2	3.4		LEU352	O	2.4
C05	ALA527	CA	3.7			C	3.3
C09	PHE518	CD2	3.7		ILE517	CG2	3.7
	VAL523	CG2	3.5		PHE518	CD2	3.7
C11	SER353	CA	3.8	C17	HIS90	NE2	3.3
	VAL523	CG2	3.5			CE1	3.6
C12	SER353	CA	3.4		GLN192	OE1	3.3
	TYR355	OH	3.7		SER353	O	3.3
	VAL523	CG1	3.7		ALA516	CB	3.1
C13	TYR355	OH	3.7	C18	GLN192	OE1	3.3
C14	LEU352	O	3.7			CD	3.5
	VAL523	CG2	3.6			NE2	3.6
C15	HIS90	NE2	2.9		SER353	O	3.1
		CD2	3.6			C	3.6
	LEU352	O	3.5		GLY354	CA	3.4
	SER353	O	2.6			N	3.7
		C	3.3	C19	GLY354	CA	3.6
		CA	3.6	C20	PRO514	O	3.4
C16	HIS90	NE2	3.4	C21	HIS90	CE1	3.3
	GLN192	OE1	3.3		PRO514	O	2.9
	LEU352	O	3.3		ALA516	CB	3.4
	SER353	O	3.2	C22	HIS90	CE1	2.9
	ALA516	CB	3.4			NE2	3.1
N03	GLN192	OE1	2.6		ALA516	CB	2.7
		CD	3.6			CA	3.7
	LEU352	O	3.1	O25	GLY354	CA	3.3
	ALA516	CB	3.2	C24	GLN192	CG	3.5
N02	GLN192	OE1	3.7	O01	PRO514	O	3.4
	LEU352	O	3.1	C23	THR94	CB	3.7

[43] (S)-3-(3-(3,4-dimethoxyphenyl)-4,5-dihydro-1H-pyrazol-5-yl)-9-methyl-9H-carbazole. 잠재적 conformer의 COX-2에 대한 k_D = 20.4 μM

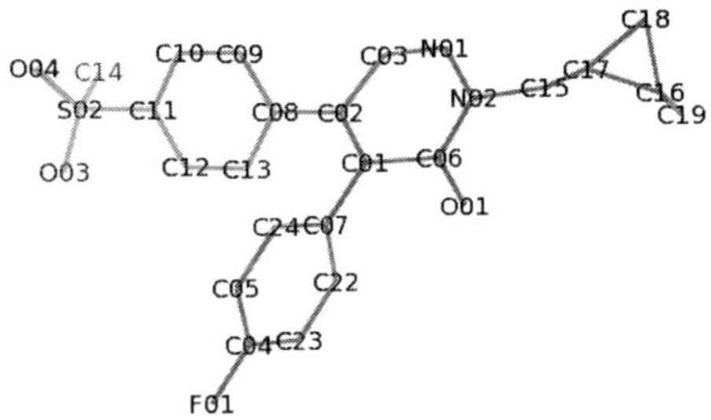

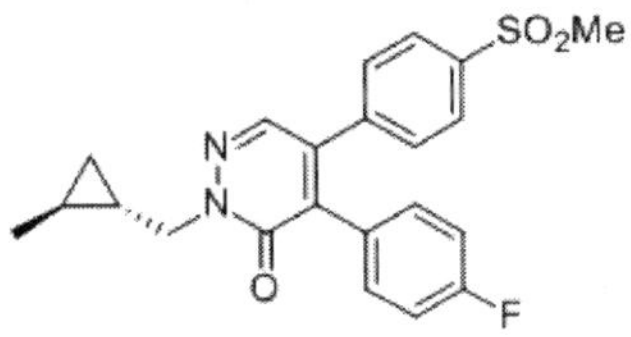

(34)

그림 34 저해제-34[44]의 원자명 표기

표 39 저해제-34와 근접한 COX-2 원자

리간드 원자	COX-2 잔기	COX-2 원자	거리(Å)
O01	ALA527	CA	3.3
		CB	3.5
N02	VAL349	CG1	3.4
C03	SER353	CB	3.5
	TYR355	CE2	3.6
		OH	3.6
C06	VAL349	CG1	3.6
	ALA527	CB	3.6
C22	LEU352	CD2	3.6
C23	LEU352	CD2	3.4
C04	PHE518	CE2	3.6
C05	MET522	O	3.5
	VAL523	CA	3.3
		O	3.6
F01	TRP387	CZ2	3.1
		CH2	3.6
	PHE518	CE2	3.4
C24	VAL523	O	3.3
		CA	3.5
	ALA527	N	3.6
C08	SER353	CA	3.6
C09	SER353	CA	3.7
	TYR355	OH	3.4
	VAL523	CG1	3.5
C10	HIS90	NE2	3.7
	SER353	O	3.6
C11	LEU352	O	3.6
	VAL523	CG2	3.5
C12	LEU352	O	3.3
S02	ALA516	CB	3.6
O04	HIS90	NE2	3.7
	ARG513	NH1	3.4
		CB	3.5
		CD	3.6
		CG	3.7
	VAL523	CG2	3.5
O03	GLN192	OE1	3.4
	ALA516	CB	3.5
	ILE517	CG2	3.4
		N	3.7
	PHE518	N	3.3
		CB	3.5
C14	HIS90	NE2	3.4
	GLN192	OE1	3.2
	LEU352	O	3.5
	SER353	O	3.3
	ALA516	CB	3.2
C15	LEU531	CD1	3.4
		CD2	3.6
		CG	3.7
C17	VAL349	CG1	3.4
	LEU359	CD1	3.7
C16	LEU531	CD2	2.9
C18	MET113	CE	3.4
	VAL116	CG2	3.3
	LEU359	CD2	3.4
	LEU531	CD2	3.6
C19	ILE345	CG2	3.0
	VAL349	CG1	3.7
	LEU359	CD1	3.2

[44] 4-(4-fluorophenyl)-2-(((1S,2S)-2-methylcyclopropyl)methyl)-5-(4-(methylsulfonyl)phenyl)pyridazin-3(2H)-one, 잠재적 conformer의 COX-2에 대한 K_D = 8.7 nM

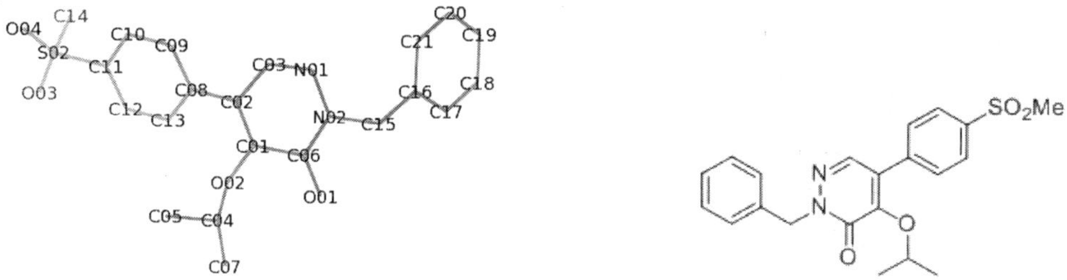

(35)

그림 35 저해제-35[45]의 원자명 표기

표 40 저해제-35와 근접한 COX-2 원자

리간드 원자	COX-2 잔기	COX-2 원자	거리(Å)	리간드 원자	COX-2 잔기	COX-2 원자	거리(Å)
O01	SER530	OG	3.5			CB	3.7
		CB	3.6	C14	HIS90	NE2	3.4
N02	VAL349	CG1	3.5		GLN192	OE1	3.2
	ALA527	CB	3.7		LEU352	O	3.4
C05	PHE518	CD2	3.7		SER353	O	3.1
	MET522	O	3.6		ALA516	CB	3.3
	VAL523	CA	3.3	C15	LEU531	CG	3.5
C07	TRP387	CH2	3.6			CD1	3.7
		CZ2	3.7			CD2	3.7
C09	SER353	CA	3.7	C16	VAL349	CG1	3.3
	VAL523	CG1	3.4		LEU531	CD2	3.0
C10	SER353	O	3.7			CG	3.4
	VAL523	CG2	3.6			CD1	3.6
C11	LEU352	O	3.5	C17	VAL349	CG1	3.0
	VAL523	CG2	3.5			CG2	3.4
C12	LEU352	O	3.3			CB	3.5
	PHE518	CD2	3.4		LEU531	CD2	2.8
S02	ALA516	CB	3.5			CG	3.7
O04	HIS90	NE2	3.4	C18	ILE345	CG2	3.6
		CE1	3.7		VAL349	CG1	3.4
	ARG513	NH1	3.4		LEU531	CD2	3.1
		CB	3.4	C19	MET113	CE	3.3
		CG	3.6		LEU359	CD1	3.3
		CD	3.6			CD2	3.5
	ALA516	CB	3.6		LEU531	CD2	3.6
O03	GLN192	OE1	3.2	C20	LEU359	CD2	3.3
	ALA516	CB	3.1			CD1	3.5
	ILE517	N	3.5		LEU531	CD2	3.7
		CG2	3.5	C21	LEU531	CD2	3.5
	PHE518	N	3.2			CD1	3.5

45 2-benzyl-4-isopropoxy-5-(4-(methylsulfonyl)phenyl)pyridazin-3(2H)-one, 잠재적 conformer의 COX-2에 대한 k_D = 0.50 μM

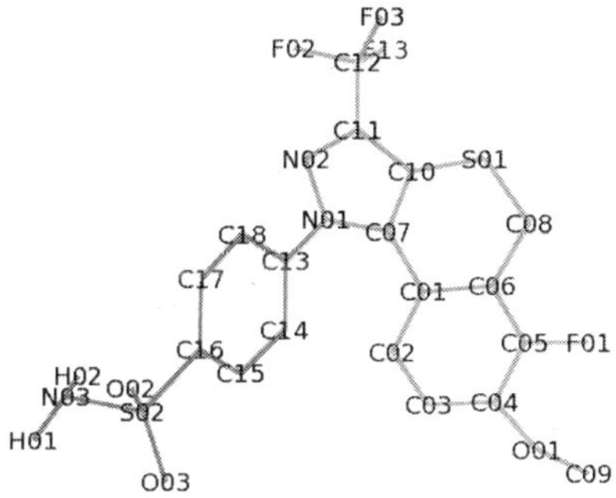

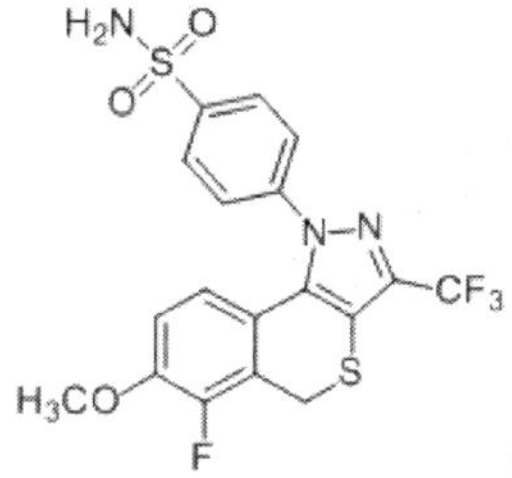

(36)

그림 36 저해제-36[46]의 원자명 표기

표 41 저해제-36과 근접한 COX-2 원자

리간드 원자	COX-2 잔기	COX-2 원자	거리(Å)	리간드 원자	COX-2 잔기	COX-2 원자	거리(Å)
C02	LEU352	CD2	3.3			N	3.4
N02	SER353	CB	3.3			CD2	3.6
	TYR355	CE2	3.6	N03	HIS90	NE2	3.4
C03	LEU352	CD2	2.9		GLN192	OE1	3.3
		CG	3.6		LEU352	O	3.4
C06	ALA527	CA	3.5		SER353	O	3.3
C07	VAL349	CG1	3.5		ALA516	CB	3.4
C08	ALA527	CA	2.5	H01	GLN192	OE1	2.6
		N	3.3			CD	3.5
C10	VAL349	CG1	3.2		LEU352	O	3.7
C11	VAL349	CG1	3.3		ALA516	CB	2.6
F01	GLY526	O	2.8			CA	3.5
		C	3.3	H02	GLN192	OE1	3.3
C13	SER353	CA	3.4		LEU352	O	2.5
		CB	3.6			C	3.6
C14	SER353	CA	3.6		SER353	O	2.6
C15	LEU352	O	3.2			C	3.0
		C	3.6			CA	3.5
C16	LEU352	O	3.7	O01	TYR385	CE2	3.7
	VAL523	CG2	3.5		TRP387	CH2	3.2
C17	SER353	O	3.6			CZ2	3.3
C18	SER353	CA	3.5	C09	LEU384	CD1	3.6
	TYR355	OH	3.2		TYR385	CE2	3.5
		CZ	3.6		TRP387	CZ2	3.3
O02	HIS90	NE2	3.3	F02	TYR355	CE2	3.1
	ARG513	NH1	3.1			CD2	3.4
		CD	3.6		LEU359	CD1	3.2
		CG	3.7			CD2	3.4
	VAL523	CG2	3.4	F13	VAL349	CG1	3.5
O03	PHE518	CB	3.4		LEU359	CD1	3.5

46 4-(6-fluoro-7-methoxy-3-(trifluoromethyl)isothiochromeno[4,3-c]pyrazol-1(5H)-yl)benzenesulfonamide, 잠재적 conformer의 COX-2에 대한 K_D = 0.36 μM

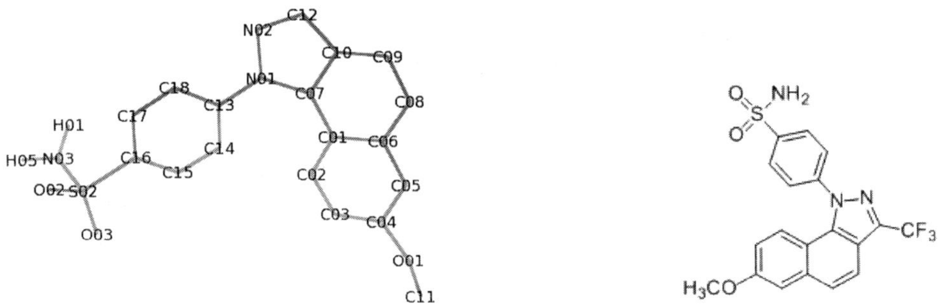

(37)

그림 37 저해제-37[47]의 원자명 표기

표 42 저해제-37과 근접한 COX-2 원자

리간드 원자	COX-2 잔기	COX-2 원자	거리(Å)	리간드 원자	COX-2 잔기	COX-2 원자	거리(Å)
C02	LEU352	CD2	3.5		ARG513	NH1	3.3
N02	SER353	CB	3.4			CB	3.7
	TYR355	CE2	3.5		VAL523	CG2	3.5
		OH	3.7	O03	GLN192	OE1	3.6
		CZ	3.7		ALA516	CB	3.7
C03	LEU352	CD2	3.1		ILE517	CG2	3.6
C05	SER530	CB	3.3		PHE518	N	3.4
		OG	3.5			CB	3.5
C06	ALA527	CA	3.5			CD2	3.7
C07	VAL349	CG1	3.6	N03	HIS90	NE2	3.4
C08	ALA527	CA	3.1		GLN192	OE1	3.3
		O	3.5		LEU352	O	3.3
		CB	3.6		SER353	O	3.2
	SER530	CB	3.5		ALA516	CB	3.5
		OG	3.5	H01	HIS90	NE2	3.1
C09	ALA527	CB	3.5		LEU352	O	3.1
		CA	3.6		SER353	O	2.2
C10	VAL349	CG1	3.4			C	2.9
C12	VAL349	CG1	3.6			CA	3.5
C13	SER353	CA	3.5	H05	HIS90	NE2	3.1
C14	SER353	CA	3.6			CE1	3.4
C15	LEU352	O	3.2		GLN192	OE1	3.5
		C	3.7		SER353	O	3.6
C16	LEU352	O	3.6		ALA516	CB	2.8
	VAL523	CG2	3.6	O01	TYR385	CE2	3.5
C17	SER353	O	3.6			OH	3.6
C18	SER353	CA	3.5			CZ	3.7
	TYR355	OH	3.2		TRP387	CH2	3.6
		CZ	3.6	C11	TYR385	CE2	3.4
O02	HIS90	NE2	3.4		GLY526	CA	3.7

[47] 4-(7-methoxy-3-(trifluoromethyl)-1H-benzo[g]indazol-1-yl)benzenesulfonamide, 잠재적 conformer의 COX-2에 대한 k_D = 12 nM

● Imidazoles

Imidazole이 중심고리인 저해제 −38, −39, −40은 인접한 두 aryl 기의 위치가 다른 위치이성질체이며 저해제−40에서는 phenyl 대신에 pyridine 고리가 C2에 위치한다. 저해제−41은 중심고리가 tetrazole로 친유성의 증가가 예상되며, 전자를 공여하는 methoxy그룹의 존재가 COX−2에 대한 저해능 증가에 기여한다. 저해제−42에는 6각 헤테로고리인 pyrimidine이 위치한다.

표 43 COX−2/COX−1에 대한 (38)−(42)의 선택적 저해[44−48]

저해제	IC_{50} (μM)	
	COX−2	COX−1
38	0.08	540
39	0.005	3.3
40	1.69	>10000
41	2	420
42	0.057	NA

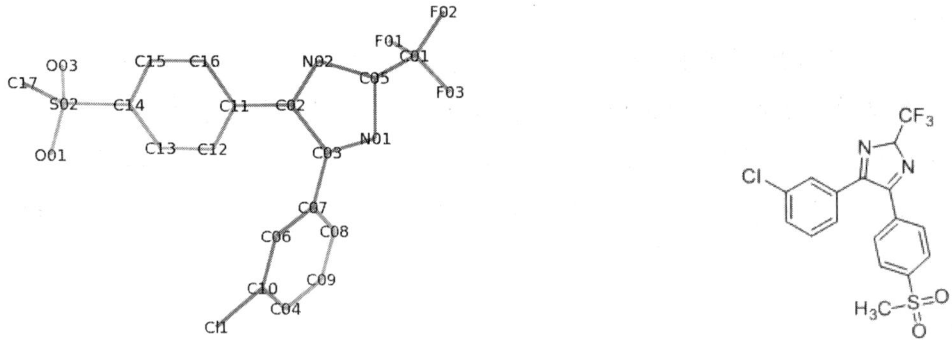

(38)

그림 38 저해제-38[48]의 원자명 표기

표 44 저해제-38과 근접한 COX-2 원자

리간드 원자	COX-2 잔기	COX-2 원자	거리(Å)	리간드 원자	COX-2 잔기	COX-2 원자	거리(Å)
C01	VAL349	CG1	3.7			CD2	3.7
F01	VAL349	CG1	3.2		SER353	O	3.5
	TYR355	CE2	3.7			CA	3.7
	LEU359	CD1	3.3	C16	SER353	CA	3.7
F03	VAL349	CG1	3.2		TYR355	OH	3.2
	LEU531	CD2	3.8			CZ	3.6
C05	ALA527	CB	3.8		VAL523	CG1	3.5
N01	ALA527	CB	3.2	S02	GLN192	OE1	3.8
		CA	3.6		LEU352	O	3.6
C03	ALA527	CB	3.7		ALA516	CB	3.8
N02	TYR355	OH	3.3	O01	GLN192	OE1	3.4
		CE2	3.6		LEU352	O	3.7
		CZ	3.7		ILE517	CG2	3.3
C08	VAL349	CG1	3.7		PHE518	N	3.4
		CG2	3.7			CD2	3.5
C09	LEU352	CD2	3.3			CB	3.6
C04	LEU352	CD2	3.7			CG	3.8
Cl1	MET522	O	3.2	O03	HIS90	NE2	3.5
		C	3.7		GLN192	OE1	3.2
		CG	3.8		LEU352	O	3.2
	GLY526	CA	3.7		SER353	O	3.1
C11	SER353	CA	3.7			C	3.7
	VAL523	CG1	3.7		ALA516	CB	3.5
C12	SER353	CA	3.8	C17	HIS90	NE2	3.7
C13	LEU352	O	3.3		ARG513	NH1	3.5
		C	3.7			CB	3.6
C14	LEU352	O	3.5			CD	3.7
	SER353	CA	3.8			CG	3.8
	VAL523	CG2	3.6		ALA516	CB	3.7
C15	HIS90	NE2	3.7		VAL523	CG2	3.4

[48] 4-(3-chlorophenyl)-5-(4-(methylsulfonyl)phenyl)-2-(trifluoromethyl)-2H-imidazole, 잠재적 conformer의 COX-2에 대한 k_D = 8.7 nM

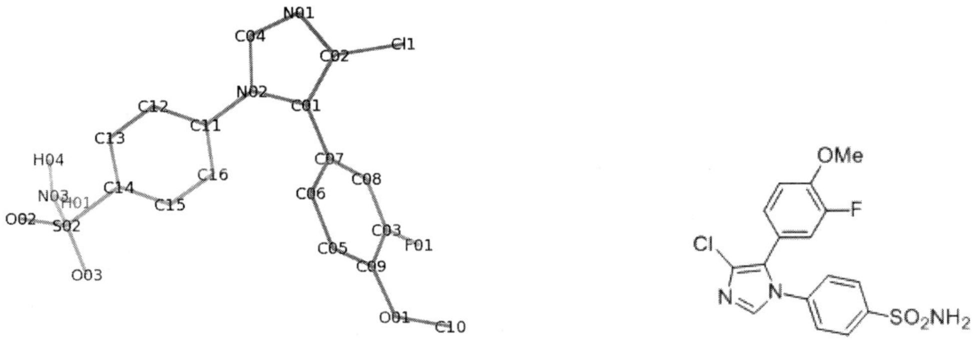

(39)

그림 39 저해제-39[49]의 원자명 표기

표 45 저해제-39와 근접한 COX-2 원자

리간드 원자	COX-2 잔기	COX-2 원자	거리(Å)
C02	VAL349	CG1	3.5
	ALA527	CB	3.7
C04	TYR355	OH	3.6
		CE2	3.7
Cl1	ALA527	CA	3.7
	LEU531	CG	3.7
F01	LEU352	CD2	3.3
	TYR385	OH	3.6
C05	GLY526	C	3.7
		CA	3.7
	ALA527	N	3.5
C06	VAL523	O	3.5
	ALA527	N	3.5
		CA	3.7
O01	TRP387	CZ2	3.2
		CH2	3.5
C10	PHE381	CE1	3.7
	LEU384	CD1	3.5
	TYR385	CE2	3.4
	GLY526	CA	3.5
C11	SER353	CA	3.7
C12	SER353	CA	3.7
	TYR355	OH	3.3
		CZ	3.7
	VAL523	CG1	3.5
C13	HIS90	NE2	3.7
	SER353	O	3.6
C14	LEU352	O	3.5
	VAL523	CG2	3.6
C15	LEU352	O	3.3
		C	3.7
O02	HIS90	NE2	3.3
		CE1	3.7
	ARG513	NH1	3.6
		CB	3.6
	ALA516	CB	3.6
O03	GLN192	OE1	3.4
	ALA516	CB	3.6
	ILE517	CG2	3.4
	PHE518	N	3.4
		CB	3.6
		CD2	3.7
N03	HIS90	NE2	3.6
	GLN192	OE1	3.1
	LEU352	O	3.1
	SER353	O	3.1
		C	3.6
	ALA516	CB	3.5
H01	GLN192	OE1	2.4
		CD	3.1
		NE2	3.2
	LEU352	O	2.2
		C	3.4
	SER353	O	3.1
		C	3.3
H04	HIS90	NE2	2.9
		CE1	3.7
	LEU352	O	3.4
	SER353	O	2.2
		C	3.0

[49] 4-(4-chloro-5-(3-fluoro-4-methoxyphenyl)-1H-imidazol-1-yl)benzenesulfonamide, 잠재적 conformer의 COX-2에 대한 k_D = 5.3 nM

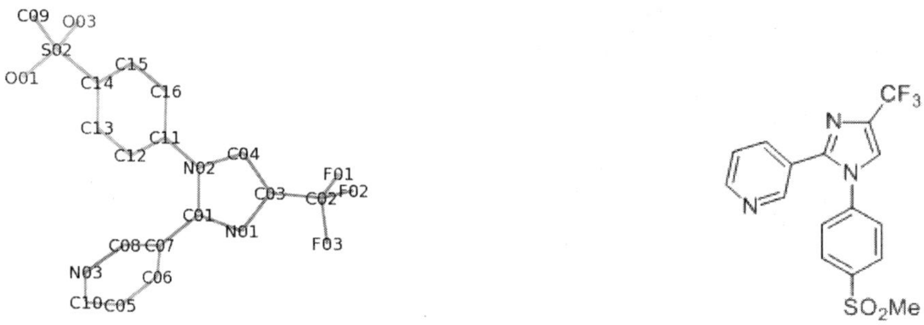

(40)

그림 40 저해제-40[50]의 원자명 표기

표 46 저해제-40과 근접한 COX-2 원자

리간드 원자	COX-2 잔기	COX-2 원자	거리(Å)
N01	VAL349	CG1	3.6
	ALA527	CB	3.6
C03	VAL349	CG1	3.7
C08	VAL523	O	3.5
		CA	3.7
	ALA527	N	3.4
		CA	3.8
N03	MET522	O	3.6
	VAL523	CA	3.8
		O	3.8
	GLY526	CA	3.5
		C	3.7
	ALA527	N	3.6
C05	LEU352	CD2	3.7
C06	LEU352	CD2	3.8
C11	SER353	CA	3.8
	VAL523	CG1	3.8
C13	LEU352	O	3.3
		C	3.7
	PHE518	CD2	3.7
C14	LEU352	O	3.4
	SER353	CA	3.8
	VAL523	CG2	3.6
C15	HIS90	NE2	3.8
	SER353	O	3.5
		CA	3.7
C16	SER353	CA	3.6
	TYR355	OH	3.5
	VAL523	CG1	3.5
S02	GLN192	OE1	3.7
	LEU352	O	3.6
	ALA516	CB	3.7
O01	GLN192	OE1	3.3
	LEU352	O	3.8
	ALA516	CB	3.6
	ILE517	CG2	3.4
		N	3.7
	PHE518	N	3.4
		CB	3.6
		CD2	3.7
O03	HIS90	NE2	3.5
	GLN192	OE1	3.3
	LEU352	O	3.3
	SER353	O	3.1
		C	3.7
	ALA516	CB	3.5
C09	HIS90	NE2	3.6
	ARG513	NH1	3.4
		CB	3.6
		CD	3.6
		CG	3.7
	ALA516	CB	3.7
	VAL523	CG2	3.5
F01	VAL349	CG1	3.6
	LEU531	CD2	3.3
		CD1	3.4
		CG	3.4
F03	ARG120	NH1	3.6
	ALA527	CB	3.6
	LEU531	CD1	3.3

[50] 3-(1-(4-(methylsulfonyl)phenyl)-4-(trifluoromethyl)-1H-imidazol-2-yl)pyridine, 잠재적 conformer의 COX-2에 대한 k_D = 12 nM

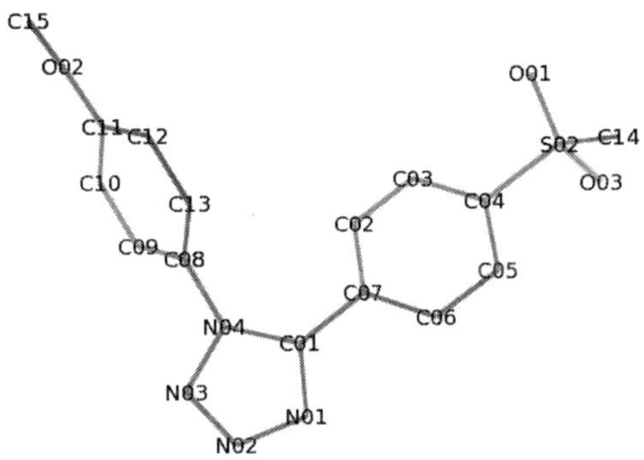

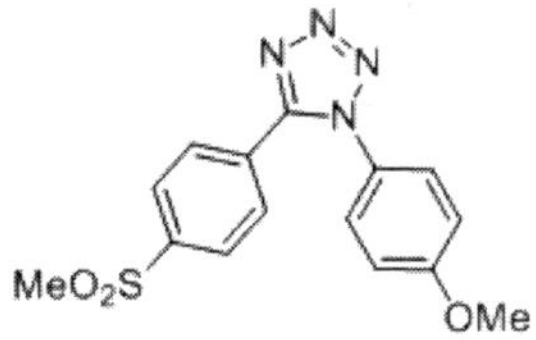

(41)

그림 41 저해제-41[51]의 원자명 표기

표 47 저해제-41과 근접한 COX-2 원자

리간드 원자	COX-2 잔기	COX-2 원자	거리(Å)	리간드 원자	COX-2 잔기	COX-2 원자	거리(Å)
N01	TYR355	OH	3.4		PHE518	N	3.4
		CE2	3.7			CD2	3.6
		CZ	3.7			CB	3.6
N03	VAL349	CG1	3.5			CG	3.8
	ALA527	CB	3.7	O03	HIS90	NE2	3.5
C07	SER353	CA	3.8		GLN192	OE1	3.2
	VAL523	CG1	3.7		LEU352	O	3.2
C02	SER353	CA	3.8		SER353	O	3.2
C03	LEU352	O	3.3			C	3.8
		C	3.7		ALA516	CB	3.5
	SER353	CA	3.8	C14	HIS90	NE2	3.7
C04	LEU352	O	3.5		ARG513	NH1	3.5
	SER353	CA	3.8			CB	3.6
	VAL523	CG2	3.6			CD	3.7
C05	HIS90	NE2	3.7			CG	3.7
		CD2	3.7		ALA516	CB	3.7
	SER353	O	3.5		VAL523	CG2	3.5
		CA	3.7	C09	VAL349	CG1	3.8
C06	SER353	CA	3.7			CG2	3.8
	TYR355	OH	3.2	C12	GLY526	C	3.7
		CZ	3.7		ALA527	N	3.6
	VAL523	CG1	3.5	C13	ALA527	N	3.6
S02	GLN192	OE1	3.8			CA	3.7
	LEU352	O	3.6	O02	TYR385	CE2	3.7
	ALA516	CB	3.8		TRP387	CH2	3.5
O01	GLN192	OE1	3.4			CZ2	3.6
	LEU352	O	3.7	C15	LEU384	CD1	3.6
	ALA516	CB	3.8		TYR385	CE2	3.5
	ILE517	CG2	3.3		TRP387	CZ2	3.6
		N	3.8		GLY526	CA	3.6

[51] 1-(4-methoxyphenyl)-5-(4-(methylsulfonyl)phenyl)-1H-tetrazole, 잠재적 conformer의 COX-2에 대한 kD = 47 nM

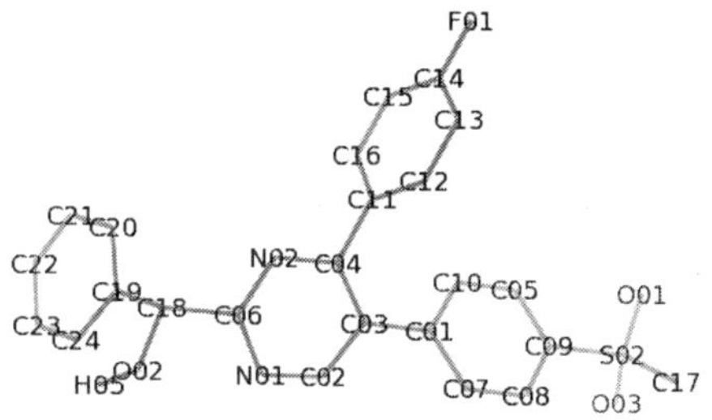

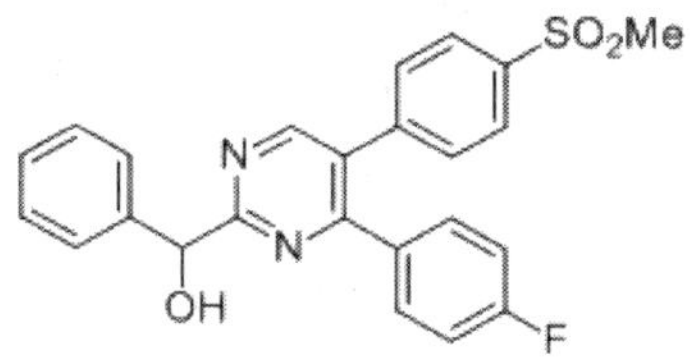

(42)

그림 42 저해제-42[52]의 원자명 표기

표 48 저해제-42와 근접한 COX-2 원자

리간드 원자	COX-2 잔기	COX-2 원자	거리(Å)	리간드 원자	COX-2 잔기	COX-2 원자	거리(Å)
C01	SER353	CA	3.6		LEU359	CD1	3.2
C07	TYR355	OH	3.4			CD2	3.4
	VAL523	CG1	3.5	C24	LEU359	CD1	3.6
C08	HIS90	NE2	3.6			CD2	3.6
	SER353	O	3.5		LEU531	CD2	3.5
C09	LEU352	O	3.4	O02	LEU531	CD1	3.0
C05	LEU352	O	3.2	H05	VAL116	CG2	3.2
		C	3.6		LEU531	CD1	3.2
C02	TYR355	OH	3.2	C12	VAL523	O	3.3
		CE2	3.4			CA	3.6
		CZ	3.4		ALA527	N	3.6
N01	TYR355	CE2	3.5	C13	VAL523	CA	3.5
N02	ALA527	CB	3.3	C15	LEU352	CD2	3.5
C18	LEU531	CD1	3.1	F01	TRP387	CZ2	3.2
C19	VAL349	CG1	3.5			CH2	3.5
	LEU531	CD2	3.1	S02	GLN192	OE1	3.6
		CD1	3.5		ALA516	CB	3.5
		CG	3.5	O01	GLN192	OE1	3.3
C20	VAL349	CG1	3.1		ILE517	CG2	3.1
		CG2	3.6		PHE518	N	3.2
	LEU531	CD2	2.8			CB	3.5
		CG	3.4			CD2	3.5
C21	VAL349	CG1	3.2	O03	GLN192	OE1	3.0
		CG2	3.2		LEU352	O	3.4
		CB	3.3		SER353	O	3.5
	LEU531	CD2	3.0		ALA516	CB	3.1
C22	ILE345	CG2	3.0	C17	ARG513	CB	3.5
		CG1	3.6		ALA516	CB	3.6
	LEU531	CD2	3.4		PHE518	O	3.6
C23	MET113	CE	3.2		VAL523	CG2	3.4

[52] (4-(4-fluorophenyl)-5-(4-(methylsulfonyl)phenyl)pyrimidin-2-yl)(phenyl)methanol. 잠재적 conformer의 COX-2에 대한 k_D = 0.50 μM

Oxazoles

중심고리가 oxazole, isoxazole인 계열로, 저해제-45에서 C2의 methyl 기는 COX-2 선택성에 기여한다. Methyl 대신에 bulky한 ethyl, isopropyl로의 치환은 오히려 COX-1에 대한 저해능의 증가를 가져온다. 추출한 curcumin에서 합성된 isoxazole 유사체인 저해제-48은 COX 저해능과 항산화 기능을 보인다.

표 49 COX-2/COX-1에 대한 (43)-(48)의 선택적 저해[41, 49-52]

저해제	IC_{50} (μM)	
	COX-2	COX-1
43	2.4	24.4
44	0.07	>100
45	0.085	>100
46	>100	>100
47	0.005	140
48	NA	NA

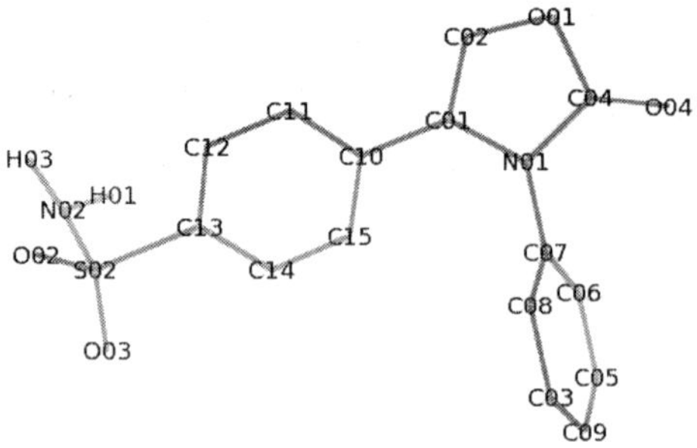

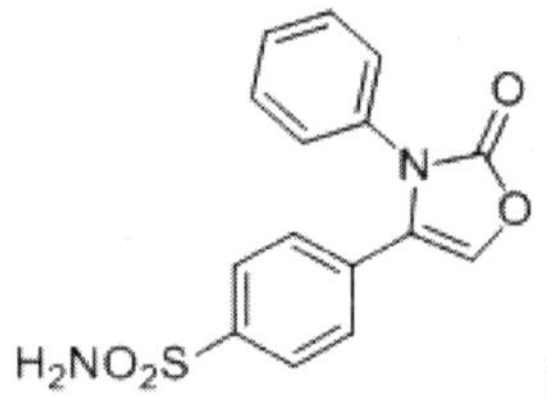

(43)

그림 43 저해제-43[53]의 원자명 표기

표 50 저해제-43과 근접한 COX-2 원자

리간드 원자	COX-2 잔기	COX-2 원자	거리(Å)	리간드 원자	COX-2 잔기	COX-2 원자	거리(Å)
O01	VAL349	CG1	3.5		PHE518	N	3.5
C04	VAL349	CG1	3.5	N02	HIS90	NE2	3.4
	ALA527	CB	3.7		GLN192	OE1	3.2
O04	VAL349	CG1	3.7		LEU352	O	3.2
	ALA527	CA	3.5		SER353	O	3.0
		CB	3.7			C	3.6
C10	SER353	CA	3.7		ALA516	CB	3.6
C11	SER353	CA	3.7	H01	GLN192	OE1	3.2
	TYR355	OH	3.4			NE2	3.7
	VAL523	CG1	3.5		LEU352	O	2.2
C12	HIS90	NE2	3.8			C	3.3
	SER353	O	3.6		SER353	O	2.5
		CA	3.7			C	2.8
C13	LEU352	O	3.5			CA	3.3
	VAL523	CG2	3.6			N	3.7
C14	LEU352	O	3.3		GLY354	N	3.5
	LEU352	C	3.8	H03	HIS90	NE2	2.5
	PHE518	CD2	3.7			CE1	3.2
S02	ALA516	CB	3.7			CD2	3.7
O02	HIS90	NE2	3.2		SER353	O	2.6
	HIS90	CE1	3.6			C	3.5
	ARG513	NH1	3.5	C08	VAL523	O	3.5
		CB	3.6			CA	3.7
		CG	3.7		ALA527	N	3.5
	ALA516	CB	3.7	C03	MET522	O	3.6
	VAL523	CG2	3.8		GLY526	CA	3.6
O03	GLN192	OE1	3.2			C	3.7
	ALA516	CB	3.4		ALA527	N	3.7
	ILE517	CG2	3.5	C05	LEU352	CD2	3.6
		N	3.7	C06	LEU352	CD2	3.7

[53] 4-(2-oxo-3-phenyl-2,3-dihydrooxazol-4-yl)benzenesulfonamide, 잠재적 conformer의 COX-2에 대한 k_D = 10 nM

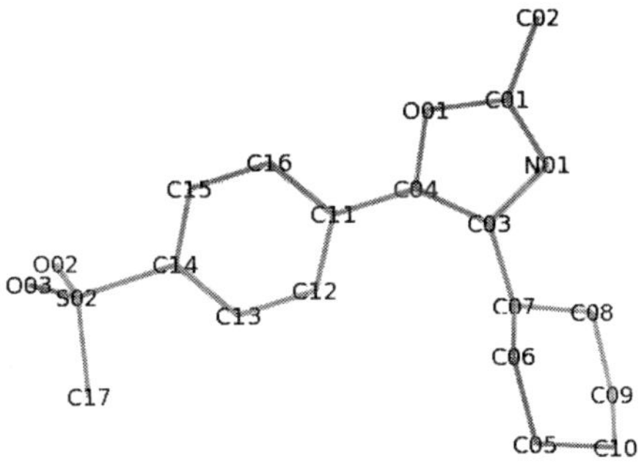

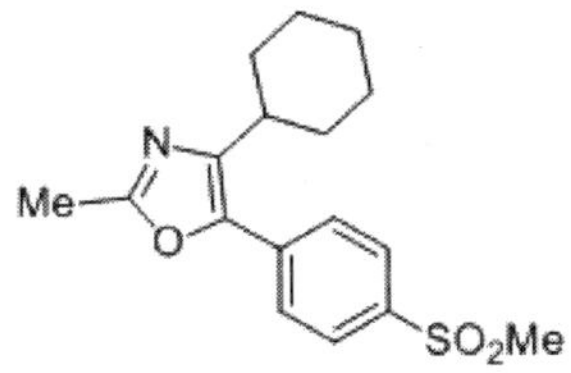

(44)

그림 44 저해제-44[54]의 원자명 표기

표 51 저해제-44와 근접한 COX-2 원자

리간드 원자	COX-2 잔기	COX-2 원자	거리(Å)
C01	VAL349	CG1	3.6
	ALA527	CB	3.7
N01	VAL349	CG1	3.6
	ALA527	CB	3.7
		CA	3.8
C02	LEU531	CD1	3.9
C08	VAL349	CG2	3.8
	SER530	OG	3.7
		CB	3.9
C09	LEU352	CD2	3.8
	TYR385	OH	3.6
C10	TYR385	CE2	3.8
	TRP387	CH2	3.9
C06	GLY526	C	3.8
	ALA527	N	3.7
C11	SER353	CA	3.9
	VAL523	CG1	3.8
C13	LEU352	O	3.4
		C	3.8
	PHE518	CD2	3.7
	VAL523	CG2	3.7
C14	LEU352	O	3.6
	SER353	CA	3.8
		O	3.9
	VAL523	CG2	3.6
C15	SER353	CA	3.6
		O	3.7
	VAL523	CG1	3.8
		CG2	3.9
C16	SER353	CA	3.7
		CB	3.9
	TYR355	OH	3.5
	VAL523	CG1	3.5
S02	HIS90	NE2	3.7
	LEU352	O	3.8
	ALA516	CB	3.9
O02	HIS90	NE2	3.4
	GLN192	OE1	3.4
	LEU352	O	3.2
	SER353	O	2.9
		C	3.6
	ALA516	CB	3.7
O03	HIS90	NE2	3.3
		CE1	3.7
		CD2	3.8
	ARG513	NH1	3.2
		CG	3.8
		CB	3.8
		CD	3.8
	VAL523	CG2	3.5
C17	GLN192	OE1	3.5
	ALA516	CB	3.5
	ILE517	CG2	3.6
		N	3.8
	PHE518	N	3.3
		CB	3.5
		CD2	3.7
		CG	3.9
		CA	3.9
		O	3.9

54 4-cyclohexyl-2-methyl-5-(4-(methylsulfonyl)phenyl)oxazole, 잠재적 conformer의 COX-2에 대한 K_D = 17 nM

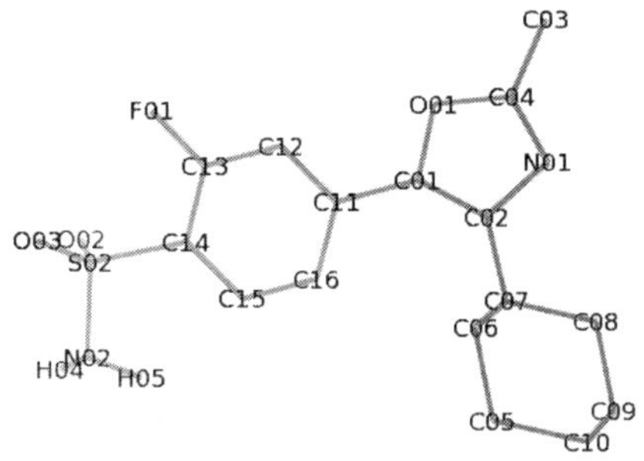

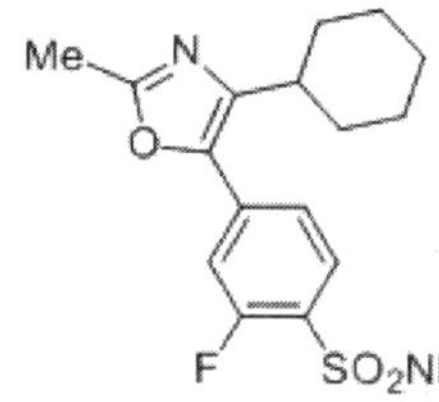

(45)

그림 45 저해제-45[55]의 원자명 표기

표 52 저해제-45와 근접한 COX-2 원자

리간드 원자	COX-2 잔기	COX-2 원자	거리(Å)
N01	ALA527	CA	3.6
		CB	3.7
C03	VAL349	CG1	3.7
C04	VAL349	CG1	3.6
	ALA527	CB	3.7
C12	SER353	CA	3.7
	VAL523	CG1	3.5
C13	SER353	CA	3.7
	VAL523	CG2	3.7
		CG1	3.7
C14	LEU352	O	3.5
	VAL523	CG2	3.6
F01	HIS90	CD2	3.0
		NE2	3.1
	SER353	O	3.5
	TYR355	OH	3.6
		CE1	3.6
C15	LEU352	O	3.3
	PHE518	CD2	3.3
C16	PHE518	CD2	3.8
S02	LEU352	O	3.7
O02	HIS90	NE2	3.5
	GLN192	OE1	3.3
	LEU352	O	3.1
	SER353	O	3.0
		C	3.6
	ALA516	CB	3.7
O03	HIS90	NE2	3.6
	ARG513	NH1	3.5
	VAL523	CG2	3.4

리간드 원자	COX-2 잔기	COX-2 원자	거리(Å)
N02	GLN192	OE1	3.2
	ALA516	CB	3.4
	ILE517	CG2	3.4
		N	3.5
	PHE518	N	3.3
		CB	3.7
H04	GLN192	OE1	2.3
		CD	3.5
	ALA516	CB	2.7
		CA	3.3
		C	3.4
	ILE517	N	2.8
		CG2	3.1
		CA	3.7
	PHE518	N	3.3
H05	GLN192	OE1	3.4
	LEU352	O	3.5
	ILE517	CG2	2.9
	PHE518	CD2	3.1
		N	3.4
		CG	3.4
		CB	3.5
C08	SER530	CB	3.7
		OG	3.7
C09	TYR385	OH	3.5
		CE2	3.7
C10	TRP387	CZ2	3.7
C05	GLY526	CA	3.8
C06	GLY526	C	3.8
	ALA527	N	3.7

55 4-(4-cyclohexyl-2-methyloxazol-5-yl)-2-fluorobenzenesulfonamide, 잠재적 conformer의 COX-2에 대한 k_D = 10 nM

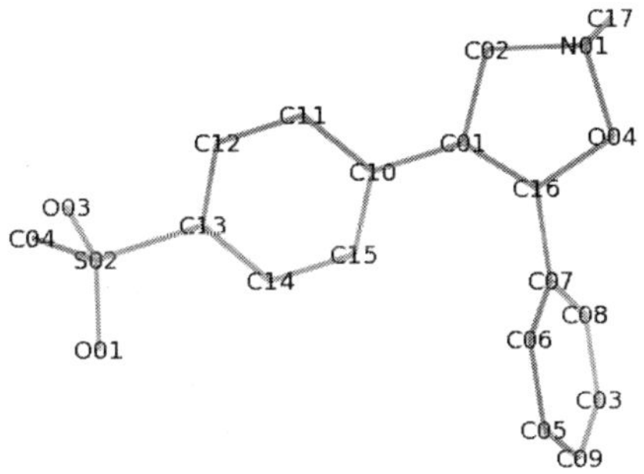

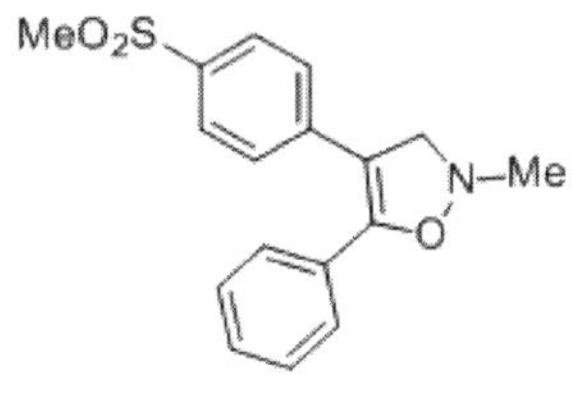

(46)

그림 46 저해제-46[56]의 원자명 표기

표 53 저해제-46과 근접한 COX-2 원자

리간드 원자	COX-2 잔기	COX-2 원자	거리(Å)	리간드 원자	COX-2 잔기	COX-2 원자	거리(Å)
N01	ALA527	CB	3.8		ALA516	CB	3.8
C02	TYR355	OH	3.4	O01	GLN192	OE1	3.3
		CE2	3.7		LEU352	O	3.7
		CZ	3.8		ALA516	CB	3.7
O04	ALA527	CB	3.3		ILE517	CG2	3.3
		CA	3.7			N	3.8
C16	ALA527	CB	3.7		PHE518	N	3.4
C17	VAL349	CG1	3.4			CD2	3.6
C10	SER353	CA	3.8			CB	3.6
	VAL523	CG1	3.7			CG	3.8
C11	SER353	CA	3.7	O03	HIS90	NE2	3.5
	TYR355	OH	3.3		GLN192	OE1	3.2
		CZ	3.7		LEU352	O	3.2
	VAL523	CG1	3.5		SER353	O	3.1
C12	HIS90	NE2	3.7			C	3.7
		CD2	3.8		ALA516	CB	3.5
	SER353	O	3.5	C04	HIS90	NE2	3.7
		CA	3.7		ARG513	NH1	3.5
	VAL523	CG2	3.9			CB	3.6
C13	LEU352	O	3.5			CD	3.7
	SER353	CA	3.8			CG	3.7
		O	3.8		ALA516	CB	3.7
	VAL523	CG2	3.7		VAL523	CG2	3.5
C14	LEU352	O	3.4	C08	VAL349	CG1	3.9
		C	3.8	C03	LEU352	CD2	3.5
	SER353	CA	3.9	C05	GLY526	C	3.8
	PHE518	CD2	3.8		ALA527	N	3.8
	VAL523	CG2	3.9	C06	VAL523	O	3.9
S02	GLN192	OE1	3.7		ALA527	N	3.6
	LEU352	O	3.6			CA	3.7

[56] 2-methyl-4-(4-(methylsulfonyl)phenyl)-5-phenyl-2,3-dihydroisoxazole, 잠재적 conformer의 COX-2에 대한 k_D = 47 nM

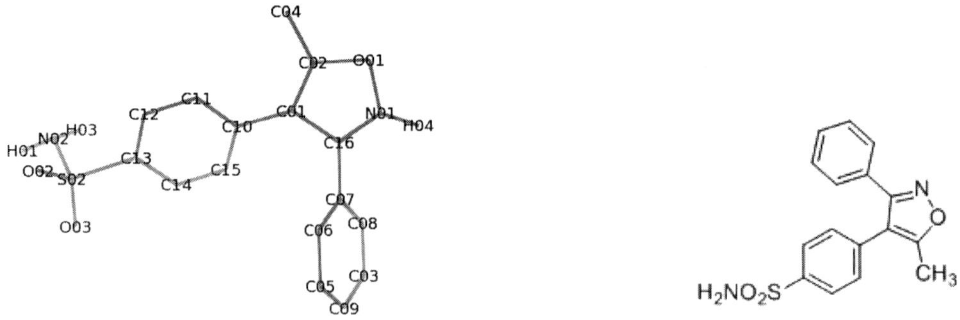

(47)

그림 47 저해제-47[57]의 원자명 표기

표 54 저해제-47과 근접한 COX-2 원자

리간드 원자	COX-2 잔기	COX-2 원자	거리(Å)
N01	ALA527	CA	3.6
		CB	3.6
O01	VAL349	CG1	3.3
C02	VAL349	CG1	3.6
C04	SER353	CB	3.6
	TYR355	CE2	3.3
		CZ	3.7
		OH	3.7
H04	ALA527	CA	3.2
		CB	3.6
	SER530	CB	3.7
		OG	3.7
C11	TYR355	OH	3.7
	VAL523	CG1	3.4
C12	SER353	CA	3.7
	VAL523	CG1	3.7
		CG2	3.7
C13	LEU352	O	3.5
	VAL523	CG2	3.6
C14	LEU352	O	3.3
		C	3.7
	PHE518	CD2	3.6
S02	LEU352	O	3.7
O02	HIS90	NE2	3.3
	ARG513	NH1	3.4
	VAL523	CG2	3.5
O03	GLN192	OE1	3.3
	ALA516	CB	3.6
	ILE517	CG2	3.5
	PHE518	N	3.5
		CB	3.7
N02	HIS90	NE2	3.5
	GLN192	OE1	3.3
	LEU352	O	3.1
	SER353	O	2.9
		C	3.5
H01	GLN192	OE1	2.8
		CD	3.6
	LEU352	O	3.6
	SER353	O	3.5
	ALA516	CB	2.9
H03	GLN192	OE1	3.2
		NE2	3.6
		CD	3.7
	LEU352	O	2.1
		C	3.2
	SER353	O	2.5
		C	2.7
		CA	3.2
		N	3.6
	GLY354	N	3.5
C08	LEU352	CD2	3.7
C03	TRP387	CH2	3.6
C09	TRP387	CZ2	3.5
C05	MET522	O	3.4
	VAL523	CA	3.7
	GLY526	CA	3.7
C06	VAL523	O	3.6
		CA	3.6
	ALA527	N	3.6

[57] 4-(5-methyl-3-phenylisoxazol-4-yl)benzenesulfonamide, 잠재적 conformer의 COX-2에 대한 k_D = 10 nM

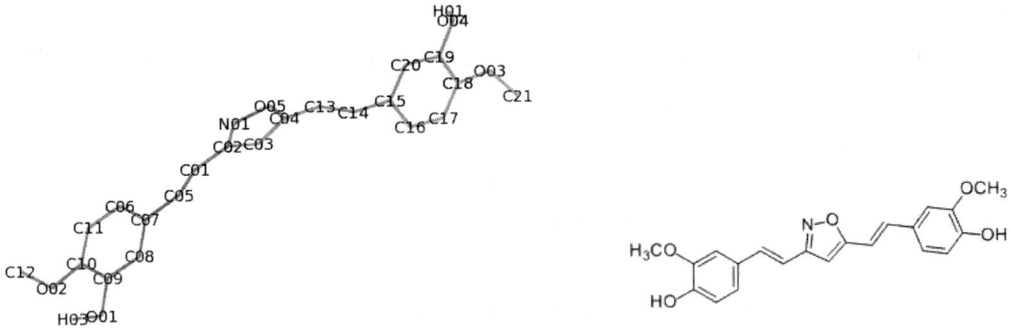

(48)

그림 48 저해제-48[58]의 원자명 표기

표 55 저해제-48과 근접한 COX-2 원자

리간드 원자	COX-2 잔기	COX-2 원자	거리(Å)
C01	PHE518	CD2	3.3
		CE2	3.8
	VAL523	CG2	3.4
C02	LEU352	O	3.6
	VAL523	CG2	3.4
N01	VAL523	CG2	3.4
		CG1	3.6
O05	HIS90	NE2	2.9
		CD2	3.3
	SER353	O	3.2
C04	HIS90	NE2	3.5
	LEU352	O	3.3
	SER353	O	3.3
		C	3.8
C03	GLN192	OE1	3.9
	LEU352	O	2.9
		C	3.8
C13	HIS90	NE2	3.3
		CE1	3.8
	GLN192	OE1	3.3
	LEU352	O	3.6
	SER353	O	3.3
	ALA516	CB	3.1
C14	HIS90	NE2	3.2
		CE1	3.7
	GLN192	OE1	3.6
	LEU352	O	3.7
	SER353	O	2.6
		C	3.3
	GLY354	CA	3.8
		N	3.8
	ALA516	CB	3.9
C15	HIS90	NE2	3.9
	GLN192	OE1	3.8
	SER353	O	3.6
	ALA516	CB	3.8
C16	GLN192	CD	3.2
		OE1	3.4
		NE2	3.5
		CG	3.6
	GLY354	CA	3.7
C17	GLN192	CG	3.8
	ASP515	O	3.7
C18	PRO514	O	3.6
	ASP515	O	3.9
C19	PRO514	O	3.1
C20	HIS90	CE1	3.3
		NE2	3.7
	THR94	CG2	3.8
	PRO514	O	3.7
O03	PRO514	O	3.8
	ASP515	CB	3.7
O04	PRO514	O	2.9
H01	PRO514	O	2.0
		C	3.1
		CB	3.5
		CA	3.8
C08	LEU352	CD2	3.7
C06	PHE518	CE2	3.4
		CD2	3.6

[58] 4,4'-((1E,1'E)-isoxazole-3,5-diylbis(ethene-2,1-diyl))bis(2-methoxyphenol), 잠재적 conformer의 COX-2에 대한 k_D = 1.93 μM

● Thiazoles

중심고리가 thiazole, thiazolidinone, thiazinanone인 저해제-49에서 -52는 COX-2 선택적이지만 일반적으로 pyrazole 계열에 비해 저해능이 덜하다.

표 56 COX-2/COX-1에 대한 (49)-(52)의 선택적 저해[53-56]

저해제	IC_{50} (μM)	
	COX-2	COX-1
49	0.038	34
50	0.05	>100
51	0.12	>100
52	0.06	17.1

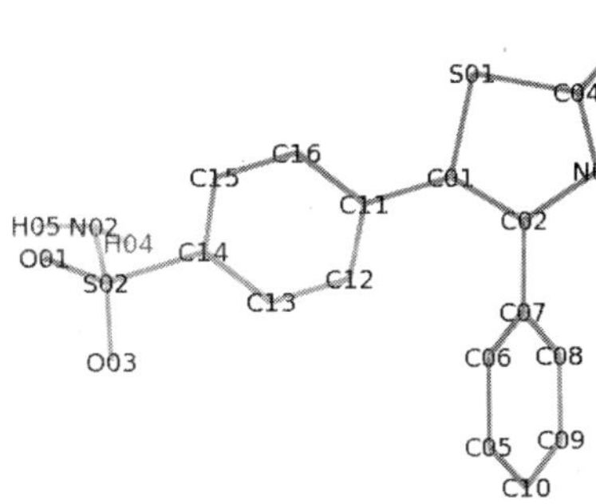

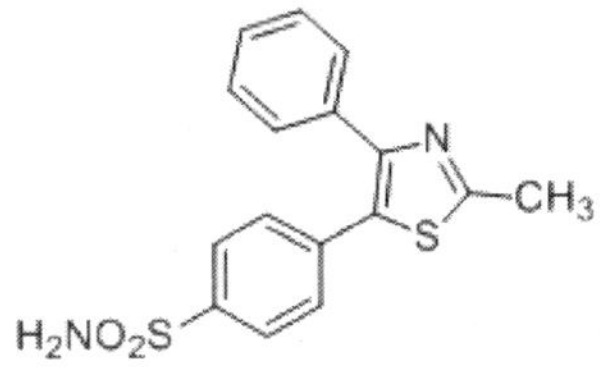

(49)

그림 49 저해제-49[59]의 원자명 표기

표 57 저해제-49와 근접한 COX-2 원자

리간드 원자	COX-2 잔기	COX-2 원자	거리(Å)	리간드 원자	COX-2 잔기	COX-2 원자	거리(Å)
N01	VAL349	CG1	3.6			N	3.7
	ALA527	CB	3.5		PHE518	N	3.5
		CA	3.7			CB	3.8
C03	VAL349	CG1	3.7	N02	HIS90	NE2	3.5
	LEU531	CD1	3.7		GLN192	OE1	3.3
C04	VAL349	CG1	3.5		LEU352	O	3.1
C11	VAL523	CG1	3.8		SER353	O	2.9
C13	LEU352	O	3.3			C	3.6
		C	3.8		ALA516	CB	3.6
	PHE518	CD2	3.7	H04	GLN192	OE1	2.6
C14	LEU352	O	3.5			CD	3.3
	VAL523	CG2	3.6			NE2	3.3
C15	SER353	O	3.6		LEU352	O	2.2
		CA	3.8			C	3.4
	VAL523	CG2	3.8		SER353	O	2.9
C16	SER353	CA	3.7			C	3.2
	TYR355	OH	3.5			CA	3.7
	VAL523	CG1	3.5	H05	HIS90	NE2	3.4
S02	ALA516	CB	3.7			CE1	3.7
O01	HIS90	NE2	3.3		GLN192	OE1	3.2
		CE1	3.7		SER353	O	3.5
	ARG513	NH1	3.5		ALA516	CB	2.9
		CB	3.6	C08	LEU352	CD2	3.7
		CG	3.7	C09	LEU352	CD2	3.5
	ALA516	CB	3.7	C05	MET522	O	3.6
	VAL523	CG2	3.7		VAL523	CA	3.7
O03	GLN192	OE1	3.2		GLY526	CA	3.7
	LEU352	O	3.8	C06	VAL523	O	3.5
	ALA516	CB	3.5			CA	3.6
	ILE517	CG2	3.5		ALA527	N	3.5

59 4-(2-methyl-4-phenylthiazol-5-yl)benzenesulfonamide, 잠재적 conformer의 COX-2에 대한 k_D = 6.2 nM

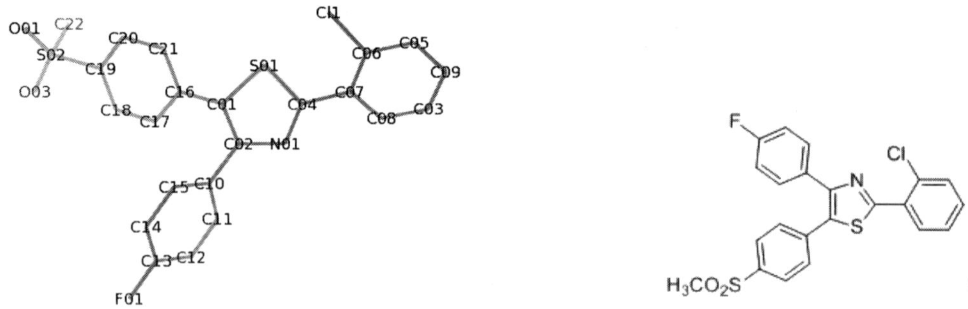

(50)

그림 50 저해제-50[60]의 원자명 표기

표 58 저해제-50과 근접한 COX-2 원자

리간드 원자	COX-2 잔기	COX-2 원자	거리(Å)	리간드 원자	COX-2 잔기	COX-2 원자	거리(Å)
N01	VAL349	CG1	3.4	C22	HIS90	NE2	3.4
S01	SER353	CB	3.5		GLN192	OE1	3.2
	TYR355	CE2	3.6		LEU352	O	3.5
		OH	3.7		SER353	O	3.2
C04	VAL349	CG1	3.2		ALA516	CB	3.3
C16	SER353	CA	3.6	C12	LEU352	CD2	3.7
C18	LEU352	O	3.3	C14	MET522	O	3.5
	PHE518	CD2	3.6		VAL523	CA	3.5
C19	LEU352	O	3.6			O	3.6
	VAL523	CG2	3.5		GLY526	CA	3.6
C20	HIS90	NE2	3.7		ALA527	N	3.6
	SER353	O	3.6	F01	TRP387	CZ2	3.1
	VAL523	CG2	3.7			CH2	3.7
C21	SER353	CA	3.6	C15	VAL523	O	3.4
	TYR355	OH	3.5			CA	3.6
	VAL523	CG1	3.5		ALA527	N	3.5
S02	ALA516	CB	3.6	C07	VAL349	CG1	3.3
O01	HIS90	NE2	3.5	C08	VAL349	CG1	2.7
	ARG513	NH1	3.4		LEU531	CD2	3.6
		CB	3.5	C03	LEU531	CD2	3.0
		CG	3.6	C09	MET113	CE	3.3
		CD	3.6		VAL116	CG2	3.2
	ALA516	CB	3.7		LEU359	CD2	3.7
	VAL523	CG2	3.6		LEU531	CD2	3.3
O03	GLN192	OE1	3.3			CD1	3.7
	ALA516	CB	3.4	C05	VAL116	CG2	2.9
	ILE517	CG2	3.5			CB	3.6
		N	3.6		LEU531	CD1	3.6
	PHE518	N	3.3	Cl1	ARG120	NH1	3.1
		CB	3.6		TYR355	CE2	3.6

60 2-(2-chlorophenyl)-4-(4-fluorophenyl)-5-(4-(methylsulfonyl)phenyl)thiazole, 잠재적 conformer의 COX-2에 대한 K_D = 34 nM

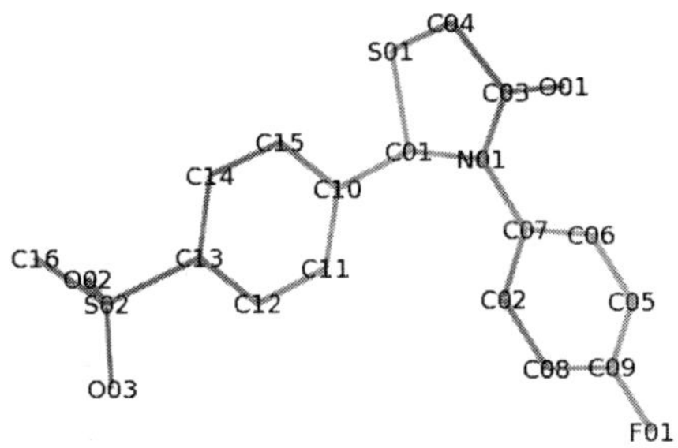

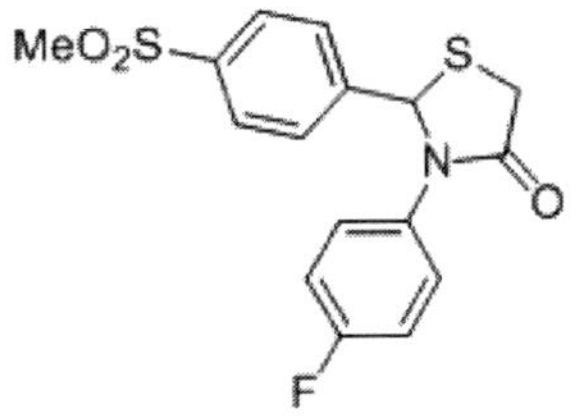

(51)

그림 51 저해제-51[61]의 원자명 표기

표 59 저해제-51과 근접한 COX-2 원자

리간드 원자	COX-2 잔기	COX-2 원자	거리(Å)	리간드 원자	COX-2 잔기	COX-2 원자	거리(Å)
C01	VAL349	CG1	3.8		TYR355	CE2	3.3
O01	MET522	O	3.6			CD2	3.9
	VAL523	CA	2.8		LEU359	CD2	3.7
		O	3.4	C16	MET113	CE	3.9
		C	3.6		VAL116	CG2	3.3
		CB	3.6		LEU359	CD2	3.7
		N	3.7		LEU531	CD1	3.6
		CG1	3.7			CD2	3.6
		CG2	3.8	C02	VAL523	CG1	3.3
C04	GLY526	C	3.8			CG2	3.9
	ALA527	N	3.7	C08	SER353	CA	3.7
		CA	3.9			O	3.8
C10	VAL349	CG1	3.2		VAL523	CG1	3.7
C11	VAL349	CG1	3.3			CG2	3.8
	SER353	CB	3.4	C09	LEU352	O	3.5
C12	VAL349	CG1	3.7		SER353	O	3.6
	SER353	CB	3.8			CA	3.8
	TYR355	CE2	3.5		VAL523	CG2	3.7
C13	VAL349	CG1	3.9	C05	LEU352	O	3.1
C14	VAL349	CG1	3.7			C	3.8
	ALA527	CB	3.8		PHE518	CD2	3.7
C15	VAL349	CG1	3.4		VAL523	CG2	3.8
	ALA527	CB	3.8	F01	HIS90	NE2	3.0
S02	VAL116	CG2	3.7			CD2	3.8
O02	VAL116	CG2	3.8			CE1	3.9
		O	3.8		LEU352	O	3.8
	ARG120	NH1	3.2		SER353	O	3.3
	LEU531	CD1	3.2	C06	LEU352	O	3.6
O03	VAL116	CG2	3.7		PHE518	CD2	3.3
		CB	3.7			CE2	3.7

[61] 3-(4-fluorophenyl)-2-(4-(methylsulfonyl)phenyl)thiazolidin-4-one, 잠재적 conformer의 COX-2에 대한 k_D = 0.70 μM

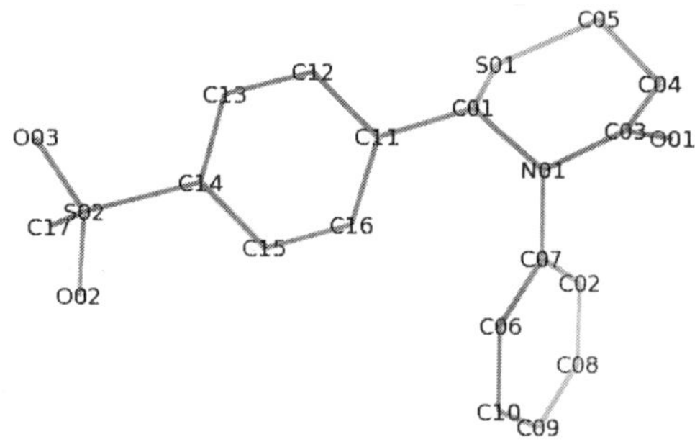

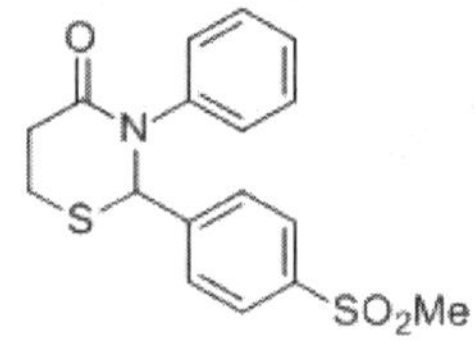

(52)

그림 52 저해제-52[62]의 원자명 표기

표 60 저해제-52와 근접한 COX-2 원자

리간드 원자	COX-2 잔기	COX-2 원자	거리(Å)	리간드 원자	COX-2 잔기	COX-2 원자	거리(Å)
C01	ALA527	CA	3.8		LEU359	CD2	3.3
O01	MET522	O	3.0			CD1	3.7
		C	3.7	O03	VAL116	CG2	3.4
	VAL523	CA	3.3		LEU359	CD2	3.8
		O	3.3		LEU531	CD2	3.4
		C	3.7			CD1	3.5
	GLY526	CA	3.1	C17	VAL116	CG2	3.6
		C	3.4			CB	3.7
		N	3.7		ARG120	NH1	3.3
	ALA527	N	3.4		LEU531	CD1	3.5
S01	VAL349	CG2	3.7	C02	LEU352	CG	3.5
	LEU352	CD2	3.6			CB	3.7
C03	ALA527	N	3.8			CD2	3.8
C04	TRP387	CH2	3.7		PHE518	CE2	3.5
		CZ2	3.7			CD2	3.6
C11	VAL349	CG1	3.7	C08	LEU352	O	3.2
	ALA527	CB	3.7			C	3.4
		CA	3.7			CB	3.6
C12	VAL349	CG1	3.6			CG	3.7
	ALA527	CA	3.7		SER353	N	3.8
		CB	3.9		PHE518	CD2	3.6
C13	VAL349	CG1	3.6			CE2	3.8
	LEU531	CG	3.5	C09	LEU352	O	3.4
		CD1	3.5			C	3.8
		CD2	3.5		SER353	CA	3.5
C14	VAL349	CG1	3.6	C10	VAL523	CG1	3.2
C15	VAL349	CG1	3.6			CG2	3.6
C16	VAL349	CG1	3.7	C06	VAL523	CG1	3.1
O02	TYR355	CE2	3.3			CB	3.8
		CD2	3.7			CG2	3.9

[62] 2-(4-(methylsulfonyl)phenyl)-3-phenyl-1,3-thiazinan-4-one, 잠재적 conformer의 COX-2에 대한 k_D = 0.42 μM

2.3.2 탄소고리형

저해제-53, -54, -55는 cyclopentene 중심고리에 두 aryl 그룹이 연결되어 있으며, cyclopentadiene인 경우 *in vivo*에서의 저해능이 경감된다. Oxo 그룹이 추가된 cyclopentenone이 중심고리인 저해제-56, -57에서는 2-phenyl 기의 *meta*-위치에 할로겐 추가 또는 phenyl 고리를 pyridine 고리로의 치환을 통해 COX-2에 대한 선택성이 증가된다. Spirocycle 고리를 가진 저해제-58에서 -61은 중심고리에 경직성을 증가시켜 COX-1에 대한 저해능이 약화된다. 하지만 고리가 커져 spiro-cyclohexyl인 경우 COX-2에 대한 저해능도 급속하게 떨어진다. 저해제-61은 terphenyl 계열로 methylsulfone 보다는 sulfonamide 유사체에서 높은 COX-2 저해능을 나타낸다.

표 61 COX-2/COX-1에 대한 (53)-(62)의 선택적 저해[57-62]

저해제	IC_{50} (μM)	
	COX-2	COX-1
53	0.026	>100
54	0.01	5.1
55	0.015	18.3
56	0.015	11
57	0.17	34
58	0.002	2.8
59	0.008	5.4
60	0.004	>100
61	0.062	>100
62	0.01	>100

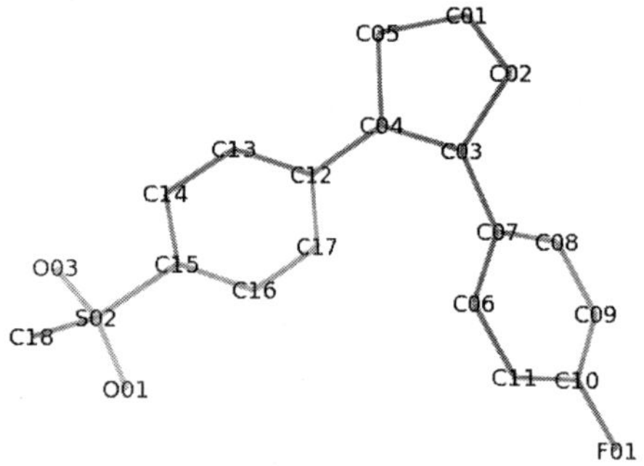

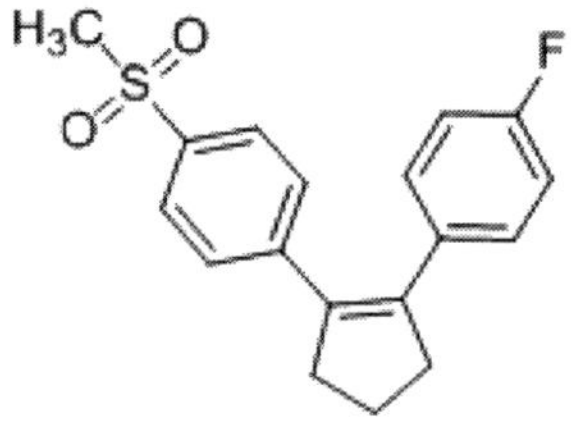

(53)

그림 53 저해제-53[63]의 원자명 표기

표 62 저해제-53과 근접한 COX-2 원자

리간드 원자	COX-2 잔기	COX-2 원자	거리(Å)	리간드 원자	COX-2 잔기	COX-2 원자	거리(Å)
C01	VAL349	CG1	3.2		VAL523	CG2	3.6
C02	ALA527	CB	3.2	C16	LEU352	O	3.3
		CA	3.8			C	3.7
C03	ALA527	CB	3.7		PHE518	CD2	3.8
C05	SER353	CB	3.8	C17	SER353	CA	3.8
	TYR355	CE2	3.6	S02	GLN192	OE1	3.8
		OH	3.6		LEU352	O	3.6
		CZ	3.8		ALA516	CB	3.7
C07	ALA527	CA	3.9	O01	GLN192	OE1	3.3
C11	GLY526	CA	3.7		LEU352	O	3.7
		C	3.7		ALA516	CB	3.7
	ALA527	N	3.7		ILE517	CG2	3.4
F01	TRP387	CZ2	3.5			N	3.8
		CH2	3.7		PHE518	N	3.4
C06	VAL523	O	3.6			CB	3.6
		CA	3.8			CD2	3.7
	ALA527	N	3.6			CG	3.8
C12	SER353	CA	3.7	O03	HIS90	NE2	3.5
	VAL523	CG1	3.8		GLN192	OE1	3.2
C13	SER353	CA	3.7		LEU352	O	3.3
	TYR355	OH	3.3		SER353	O	3.2
		CZ	3.7			C	3.8
	VAL523	CG1	3.5		ALA516	CB	3.4
C14	HIS90	NE2	3.7	C18	HIS90	NE2	3.7
		CD2	3.8		ARG513	NH1	3.4
	SER353	O	3.5			CB	3.6
		CA	3.7			CD	3.6
C15	LEU352	O	3.5			CG	3.7
	SER353	CA	3.8		ALA516	CB	3.7
		O	3.9		VAL523	CG2	3.5

63 1-fluoro-4-(2-(4-(methylsulfonyl)phenyl)cyclopent-1-en-1-yl)benzene, 잠재적 conformer의 COX-2에 대한 K_D = 24 nM

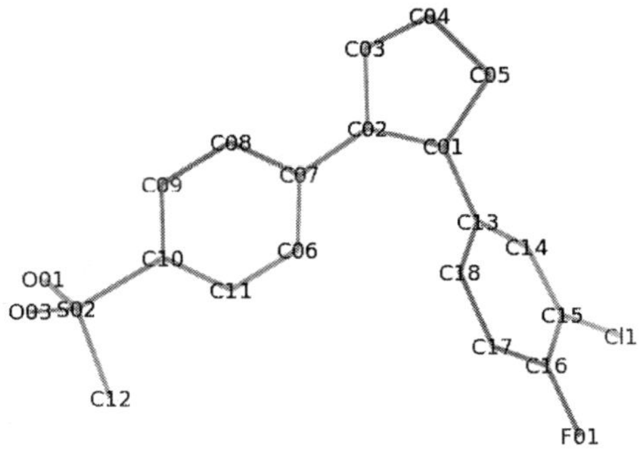

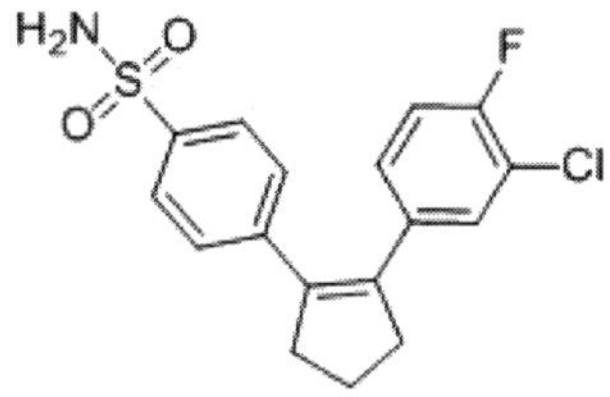

(54)

그림 54 저해제-54[64]의 원자명 표기

표 63 저해제-54와 근접한 COX-2 원자

리간드 원자	COX-2 잔기	COX-2 원자	거리(Å)
C03	VAL349	CG1	3.8
	SER353	CB	3.6
	TYR355	CE2	3.7
C05	VAL349	CG1	3.7
	ALA527	CB	3.5
Cl1	TYR385	OH	3.1
		CZ	3.8
	SER530	OG	3.8
C17	MET522	O	3.8
	VAL523	CA	3.8
	GLY526	CA	3.7
		C	3.7
	ALA527	N	3.6
F01	TRP387	CZ2	3.4
		CH2	3.8
	GLY526	CA	3.8
C18	VAL523	O	3.5
		CA	3.8
	ALA527	N	3.6
		CA	3.8
C07	SER353	CA	3.7
C08	SER353	CA	3.7
	TYR355	OH	3.2
		CZ	3.6
	VAL523	CG1	3.6
C09	HIS90	CD2	3.7
		NE2	3.7
	SER353	O	3.6
		CA	3.8
C10	LEU352	O	3.6
	SER353	O	3.8
		CA	3.8
	VAL523	CG2	3.6
C11	LEU352	O	3.3
		C	3.8
	VAL523	CG2	3.8
C06	SER353	CA	3.8
S02	HIS90	NE2	3.7
	ALA516	CB	3.8
O01	HIS90	NE2	3.4
	GLN192	OE1	3.3
	LEU352	O	3.3
	SER353	O	3.0
		C	3.7
	ALA516	CB	3.5
O03	HIS90	NE2	3.3
		CE1	3.7
	ARG513	NH1	3.3
		CB	3.6
		CG	3.7
		CD	3.7
	ALA516	CB	3.8
	VAL523	CG2	3.6
C12	GLN192	OE1	3.4
	ALA516	CB	3.6
	ILE517	CG2	3.5
		N	3.8
	PHE518	N	3.4
		CB	3.6
		CD2	3.7

64 4-(2-(3-chloro-4-fluorophenyl)cyclopent-1-en-1-yl)benzenesulfonamide, 잠재적 conformer의 COX-2에 대한 k_D = 5.3 nM

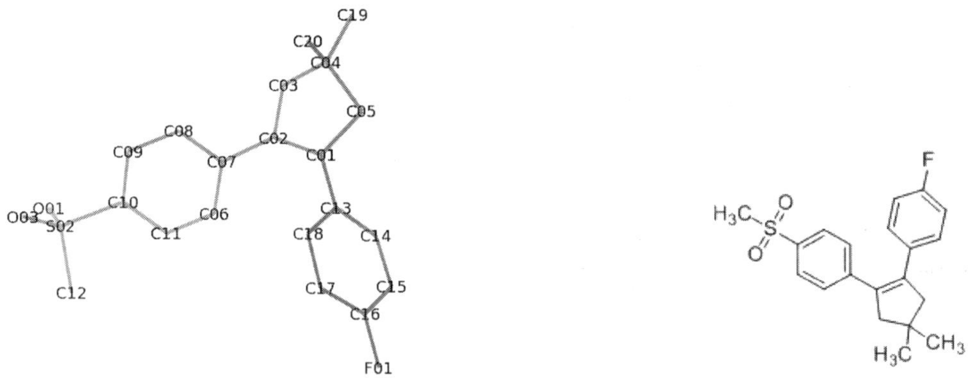

(55)

그림 55 저해제-55[65]의 원자명 표기

표 64 저해제-55와 근접한 COX-2 원자

리간드 원자	COX-2 잔기	COX-2 원자	거리(Å)
C03	VAL349	CG1	3.6
	SER353	CB	3.4
C05	VAL349	CG1	3.4
	ALA527	CB	3.8
C20	ARG120	NH1	3.3
		CZ	3.8
	ALA527	CB	3.3
C16	GLY526	C	3.7
		CA	3.7
C17	MET522	O	3.7
	VAL523	CA	3.7
		O	3.7
	GLY526	CA	3.7
		C	3.7
	ALA527	N	3.6
F01	TRP387	CZ2	3.5
	GLY526	CA	3.6
C18	VAL523	O	3.6
		CA	3.8
	ALA527	N	3.6
		CA	3.8
C07	SER353	CA	3.6
C08	SER353	CA	3.7
	TYR355	OH	3.3
		CZ	3.7
	VAL523	CG1	3.5
C09	HIS90	CD2	3.8
		NE2	3.8
	SER353	O	3.6
		CA	3.8
	VAL523	CG1	3.8
C10	LEU352	O	3.6
	SER353	O	3.8
		CA	3.8
	VAL523	CG2	3.6
C11	LEU352	O	3.2
		C	3.7
C06	SER353	CA	3.7
S02	HIS90	NE2	3.7
	ALA516	CB	3.8
O01	HIS90	NE2	3.4
	GLN192	OE1	3.3
	LEU352	O	3.3
	SER353	O	3.1
		C	3.7
	ALA516	CB	3.5
O03	HIS90	NE2	3.3
		CE1	3.7
	ARG513	NH1	3.3
		CB	3.6
		CG	3.7
		CD	3.7
	VAL523	CG2	3.6
C12	GLN192	OE1	3.4
	ALA516	CB	3.5
	ILE517	CG2	3.5
		N	3.8
	PHE518	N	3.3
		CB	3.6
		CD2	3.7

[65] 1-(4,4-dimethyl-2-(4-(methylsulfonyl)phenyl)cyclopent-1-en-1-yl)-4-fluorobenzene, 잠재적 conformer의 COX-2에 대한 k_D = 5.3 nM

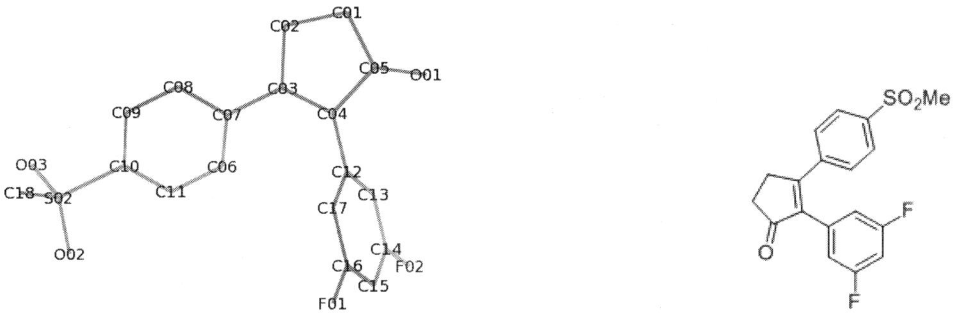

(56)

그림 56 저해제-56[66]의 원자명 표기

표 65 저해제-56과 근접한 COX-2 원자

리간드 원자	COX-2 잔기	COX-2 원자	거리(Å)	리간드 원자	COX-2 잔기	COX-2 원자	거리(Å)
C01	VAL349	CG1	3.7		PHE518	N	3.4
O01	ALA527	CA	3.5			CB	3.6
		CB	3.5			CD2	3.6
C02	TYR355	OH	3.7			CG	3.8
		CE2	3.8	O03	HIS90	NE2	3.5
C05	VAL349	CG1	3.6		GLN192	OE1	3.3
	ALA527	CB	3.6		LEU352	O	3.2
C07	SER353	CA	3.8		SER353	O	3.1
	VAL523	CG1	3.8			C	3.7
C08	SER353	CA	3.7		ALA516	CB	3.6
	TYR355	OH	3.4	C18	HIS90	NE2	3.6
		CZ	3.8		ARG513	NH1	3.4
	VAL523	CG1	3.5			CD	3.7
C09	SER353	O	3.6			CB	3.7
		CA	3.7			CG	3.8
C10	LEU352	O	3.4		VAL523	CG2	3.4
	SER353	CA	3.8	C14	LEU352	CD2	3.6
	VAL523	CG2	3.6	F02	LEU352	CD2	3.2
C11	LEU352	O	3.3		TYR385	OH	3.3
		C	3.6		TRP387	CH2	3.7
	SER353	CA	3.8	C16	GLY526	CA	3.8
	PHE518	CD2	3.8	C17	VAL523	O	3.7
C06	SER353	CA	3.8		ALA527	N	3.6
S02	GLN192	OE1	3.8	F01	MET522	O	2.7
	LEU352	O	3.6			C	3.3
	ALA516	CB	3.8			CG	3.8
O02	GLN192	OE1	3.4		VAL523	CA	3.4
	LEU352	O	3.7			N	3.6
	ALA516	CB	3.8			O	3.8
	ILE517	CG2	3.4		GLY526	CA	3.4

[66] 2-(3,5-difluorophenyl)-3-(4-(methylsulfonyl)phenyl)cyclopent-2-en-1-one. 잠재적 conformer의 COX-2에 대한 k_D = 5.3 nM

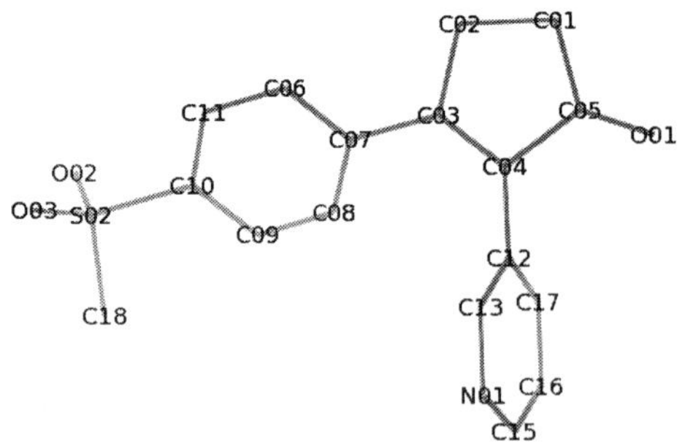

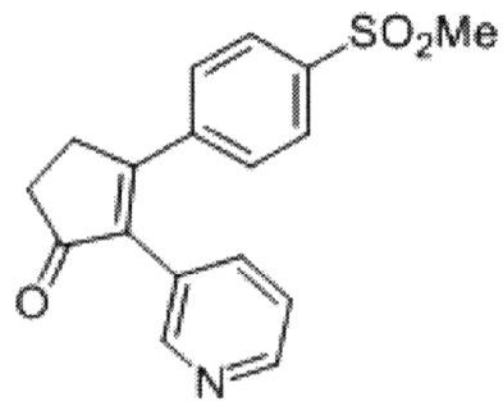

(57)

그림 57 저해제-57[67]의 원자명 표기

표 66 저해제-57과 근접한 COX-2 원자

리간드 원자	COX-2 잔기	COX-2 원자	거리(Å)
C01	VAL349	CG1	3.5
O01	ALA527	CA	3.4
		CB	3.6
C02	TYR355	OH	3.8
		CE2	3.8
C05	VAL349	CG1	3.6
	ALA527	CB	3.6
C07	SER353	CA	3.7
	VAL523	CG1	3.8
C08	SER353	CA	3.7
C09	LEU352	O	3.3
		C	3.7
	SER353	CA	3.8
C10	LEU352	O	3.6
	SER353	O	3.8
		CA	3.8
	VAL523	CG2	3.6
C11	HIS90	CD2	3.7
		NE2	3.7
	SER353	O	3.6
		CA	3.8
	VAL523	CG1	3.8
C06	SER353	CA	3.7
	TYR355	OH	3.2
		CZ	3.7
	VAL523	CG1	3.5
S02	HIS90	NE2	3.7
	ALA516	CB	3.8
O02	HIS90	NE2	3.4
	GLN192	OE1	3.3
	LEU352	O	3.3
	SER353	O	3.1
		C	3.7
	ALA516	CB	3.5
O03	HIS90	NE2	3.3
		CE1	3.7
	ARG513	NH1	3.3
		CB	3.7
		CG	3.7
		CD	3.7
	VAL523	CG2	3.5
C18	GLN192	OE1	3.5
	ALA516	CB	3.6
	ILE517	CG2	3.5
		N	3.8
	PHE518	N	3.4
		CB	3.5
		CD2	3.7
C13	VAL523	O	3.5
		CA	3.7
	ALA527	N	3.5
		CA	3.8
N01	MET522	O	3.6
	VAL523	CA	3.6
		O	3.7
	GLY526	CA	3.6
		C	3.7
	ALA527	N	3.6
C16	LEU352	CD2	3.6
C17	LEU352	CD2	3.7

[67] 3-(4-(methylsulfonyl)phenyl)-2-(pyridin-3-yl)cyclopent-2-en-1-one, 잠재적 conformer의 COX-2에 대한 k_D = 12 nM

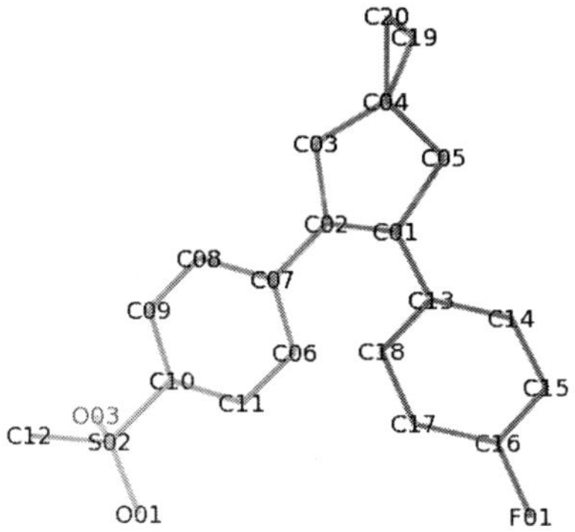

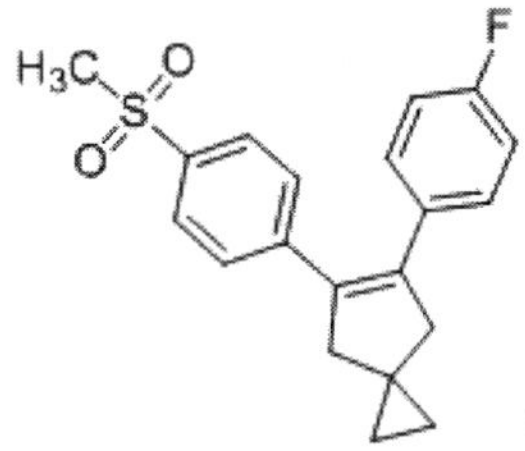

(58)

그림 58　저해제-58[68]의 원자명 표기

표 67　저해제-58과 근접한 COX-2 원자

리간드 원자	COX-2 잔기	COX-2 원자	거리(Å)	리간드 원자	COX-2 잔기	COX-2 원자	거리(Å)
C01	ALA527	CB	3.7	C10	LEU352	O	3.4
C03	TYR355	OH	3.5		SER353	CA	3.8
	TYR355	CE2	3.7		VAL523	CG2	3.7
		CZ	3.8	C11	LEU352	O	3.3
C05	VAL349	CG1	3.5			C	3.7
	ALA527	CB	3.6		PHE518	CD2	3.8
C19	VAL349	CG1	3.7	S02	GLN192	OE1	3.8
C20	ARG120	NH1	3.7		LEU352	O	3.6
	LEU531	CD1	3.8		ALA516	CB	3.7
C13	ALA527	CA	3.7	O01	GLN192	OE1	3.3
C16	GLY526	C	3.8		LEU352	O	3.7
		CA	3.8		ALA516	CB	3.7
C17	MET522	O	3.7		ILE517	CG2	3.4
	GLY526	CA	3.7			N	3.8
		C	3.7		PHE518	N	3.4
	ALA527	N	3.7			CB	3.6
F01	TRP387	CZ2	3.3			CD2	3.7
		CH2	3.7	O03	HIS90	NE2	3.5
C18	VAL523	O	3.5		GLN192	OE1	3.3
		CA	3.7		LEU352	O	3.3
	ALA527	N	3.6		SER353	O	3.1
C07	SER353	CA	3.8			C	3.8
	VAL523	CG1	3.7		ALA516	CB	3.5
C08	SER353	CA	3.6	C12	HIS90	NE2	3.6
	TYR355	OH	3.4		ARG513	NH1	3.4
		CZ	3.8			CB	3.6
	VAL523	CG1	3.6			CD	3.7
C09	HIS90	NE2	3.8			CG	3.7
	SER353	O	3.5		ALA516	CB	3.8
		CA	3.7		VAL523	CG2	3.4

[68] 5-(4-fluorophenyl)-6-(4-(methylsulfonyl)phenyl)spiro[2.4]hept-5-ene, 잠재적 conformer의 COX-2에 대한 k = 0.8 nM

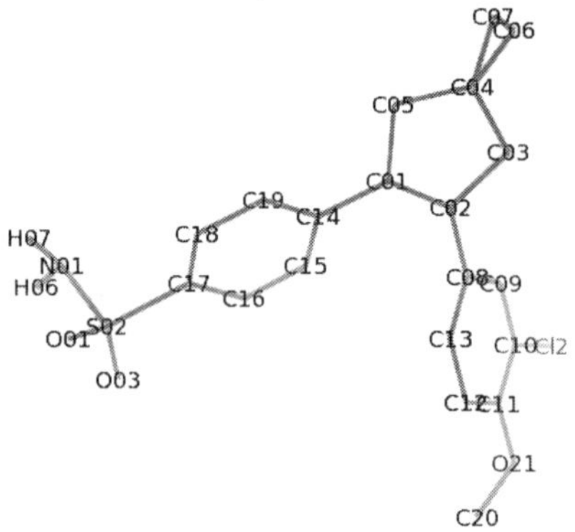

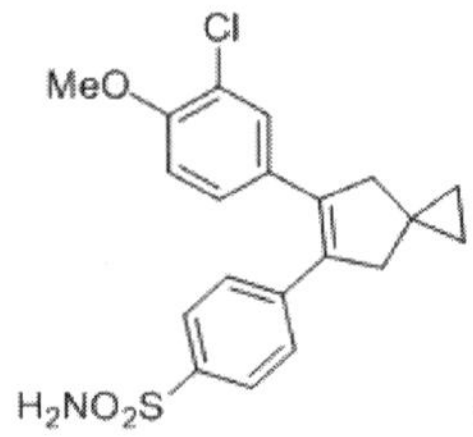

(59)

그림 59 저해제-59[69]의 원자명 표기

표 68 저해제-59와 근접한 COX-2 원자

리간드 원자	COX-2 잔기	COX-2 원자	거리(Å)	리간드 원자	COX-2 잔기	COX-2 원자	거리(Å)
C03	VAL349	CG1	3.6		LEU352	O	3.0
	ALA527	CB	3.6		SER353	O	3.1
C05	TYR355	CE2	3.5			C	3.6
		OH	3.5		ALA516	CB	3.6
		CZ	3.7	H06	GLN192	OE1	2.1
C07	VAL349	CG1	3.6			CD	3.0
C14	SER353	CA	3.7			NE2	3.5
C15	SER353	CA	3.7		LEU352	O	3.0
C16	LEU352	O	3.3		ALA516	CB	3.0
		C	3.7			CA	3.7
C17	LEU352	O	3.5	H07	HIS90	NE2	2.8
	VAL523	CG2	3.6			CE1	3.4
C18	SER353	O	3.6		SER353	O	2.8
C19	SER353	CA	3.7			C	3.6
	TYR355	OH	3.2		ALA516	CB	3.6
		CZ	3.6	Cl2	TYR385	OH	3.3
	VAL523	CG1	3.5		SER530	OG	3.6
S02	LEU352	O	3.7	C12	GLY526	C	3.7
O01	HIS90	NE2	3.4			CA	3.7
	ARG513	NH1	3.5		ALA527	N	3.5
	ALA516	CB	3.7	C13	VAL523	O	3.6
	VAL523	CG2	3.7		ALA527	N	3.6
O03	GLN192	OE1	3.5			CA	3.7
	LEU352	O	3.7			CB	3.7
	ILE517	CG2	3.4	O21	TRP387	CZ2	3.5
	PHE518	N	3.5	C20	LEU384	CD1	3.6
		CD2	3.6		TRP387	CZ2	3.4
		CB	3.6		MET522	O	3.5
N01	HIS90	NE2	3.7			CG	3.6
	GLN192	OE1	3.1		GLY526	CA	3.7

69 4-(6-(3-chloro-4-methoxyphenyl)spiro[2.4]hept-5-en-5-yl)benzenesulfonamide, 잠재적 conformer의 COX-2에 대한 k_D = 1.9 nM

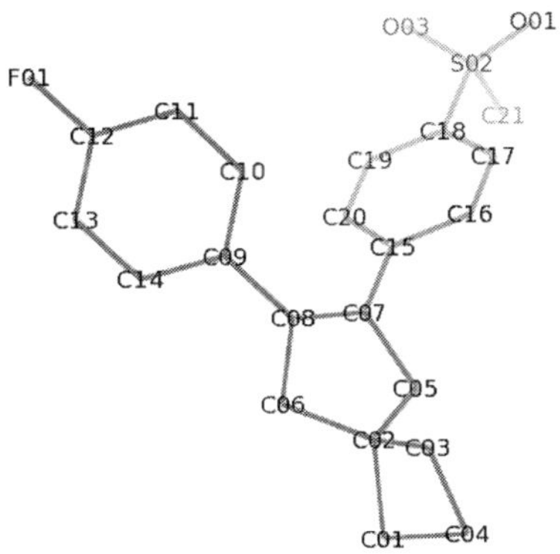

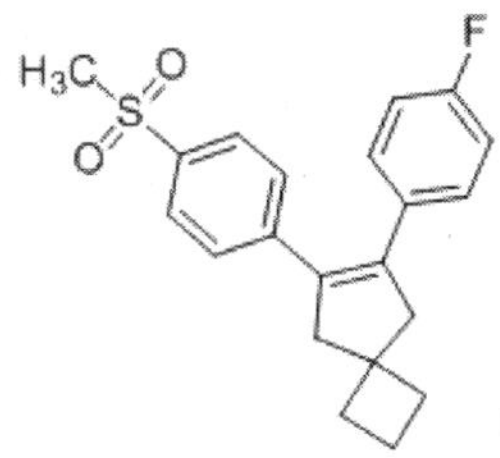

(60)

그림 60 저해제-60[70]의 원자명 표기

표 69 저해제-60과 근접한 COX-2 원자

리간드 원자	COX-2 잔기	COX-2 원자	거리(Å)	리간드 원자	COX-2 잔기	COX-2 원자	거리(Å)
C02	TYR355	OH	3.2	O01	GLN192	OE1	3.5
		CZ	3.8		LEU352	O	3.8
		CE2	3.8		ILE517	CG2	3.5
C04	ALA527	CB	3.6		PHE518	N	3.4
C05	ALA527	CB	3.1			CB	3.5
		CA	3.7			CD2	3.5
C14	VAL349	CG1	3.2			CG	3.7
	TYR355	CE2	3.7	O03	HIS90	NE2	3.6
	LEU359	CD1	3.7		GLN192	OE1	3.2
C15	VAL349	CG1	3.8		LEU352	O	3.2
	LEU359	CD1	3.8		SER353	O	3.2
C07	SER353	CA	3.8			C	3.8
	VAL523	CG1	3.7		ALA516	CB	3.5
C08	SER353	CA	3.7	C12	HIS90	NE2	3.6
	TYR355	OH	3.2		ARG513	NH1	3.3
		CZ	3.6			CB	3.7
	VAL523	CG1	3.5			CD	3.7
C09	HIS90	NE2	3.7			CG	3.7
		CD2	3.7		VAL523	CG2	3.4
	SER353	O	3.5	C17	VAL349	CG1	3.5
		CA	3.7			CG2	3.6
C10	LEU352	O	3.5	C18	VAL349	CG2	3.8
	SER353	CA	3.7		LEU352	CD2	3.5
		O	3.8	F01	TYR385	OH	3.5
	VAL523	CG2	3.7			CZ	3.8
C11	LEU352	O	3.3			CE2	3.8
		C	3.7		TRP387	CH2	3.3
	SER353	CA	3.8			CZ2	3.7
C06	SER353	CA	3.7	C21	ALA527	N	3.6
S02	LEU352	O	3.6			CA	3.7

70 6-(4-fluorophenyl)-7-(4-(methylsulfonyl)phenyl)spiro[3.4]oct-6-ene, 잠재적 conformer의 COX-2에 대한 k_D = 3.7 nM

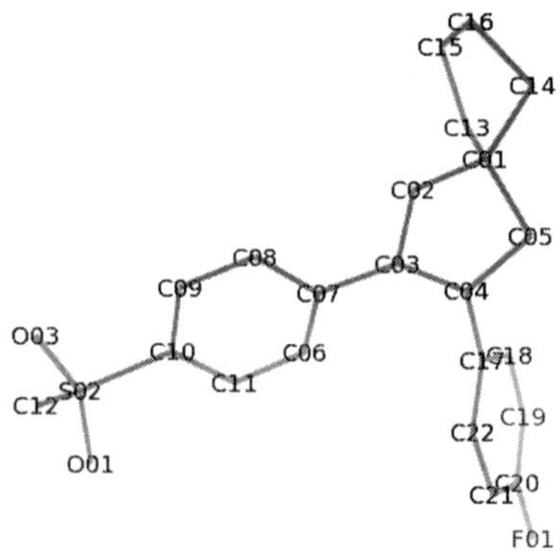

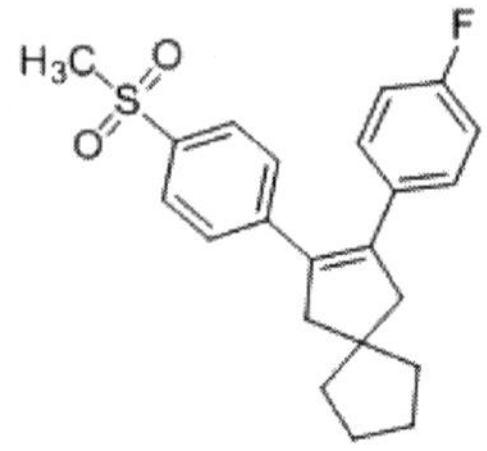

(61)

그림 61 저해제-61[71]의 원자명 표기

표 70 저해제-61과 근접한 COX-2 원자

리간드 원자	COX-2 잔기	COX-2 원자	거리(Å)	리간드 원자	COX-2 잔기	COX-2 원자	거리(Å)
C02	TYR355	OH	3.5		LEU352	O	3.7
C04	ALA527	CB	3.5		ILE517	CG2	3.5
C05	ALA527	CB	2.9		PHE518	CD2	3.5
		CA	3.5			N	3.6
C13	VAL349	CG1	2.9			CB	3.6
C14	ARG120	NH1	3.8			CG	3.8
	LEU531	CD1	3.7	O03	HIS90	NE2	3.5
C15	TYR355	CE2	3.2		GLN192	OE1	3.3
		CD2	3.6		LEU352	O	3.1
	LEU359	CD1	3.4		SER353	O	3.0
		CD2	3.6			C	3.6
C16	TYR355	CE2	3.4		ALA516	CB	3.7
C07	VAL523	CG1	3.7	C12	HIS90	NE2	3.5
C08	SER353	CA	3.7		ARG513	NH1	3.3
	TYR355	OH	3.2			CD	3.8
		CZ	3.6			CB	3.8
	VAL523	CG1	3.5			CG	3.8
C09	HIS90	CD2	3.8		VAL523	CG2	3.3
	SER353	O	3.6	C18	VAL349	CG2	3.6
		CA	3.6			CG1	3.6
	VAL523	CG1	3.9	C19	VAL349	CG2	3.8
C10	LEU352	O	3.5		LEU352	CD2	3.6
	SER353	CA	3.7	C20	LEU352	CD2	3.8
		O	3.9	F01	TYR385	OH	3.3
	VAL523	CG2	3.7			CZ	3.5
C11	LEU352	O	3.4			CE2	3.7
		C	3.7		TRP387	CH2	3.1
	SER353	CA	3.8			CZ2	3.5
S02	LEU352	O	3.5	C22	ALA527	N	3.6
O01	GLN192	OE1	3.5			CA	3.8

[71] 2-(4-fluorophenyl)-3-(4-(methylsulfonyl)phenyl)spiro[4.4]non-2-ene, 잠재적 conformer의 COX-2에 대한 k_D = 10 nM

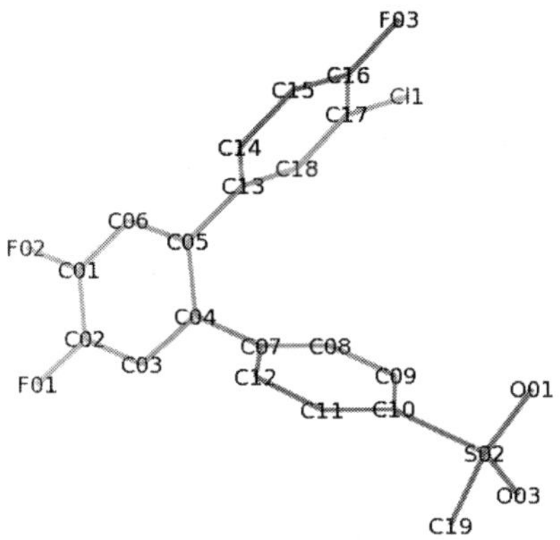

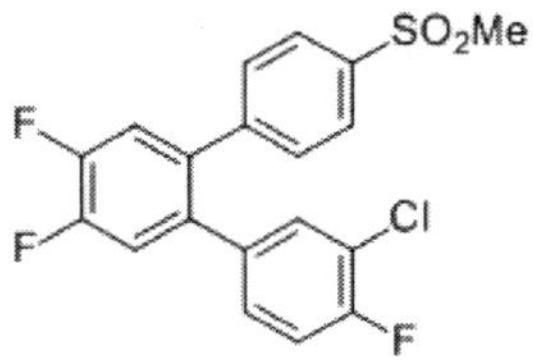

(62)

그림 62 저해제-62[72]의 원자명 표기

표 71 저해제-62와 근접한 COX-2 원자

리간드 원자	COX-2 잔기	COX-2 원자	거리(Å)
C01	HIS90	NE2	3.6
	LEU352	O	3.6
	SER353	O	3.4
C02	LEU352	O	3.3
	VAL523	CG2	3.7
C03	LEU352	O	3.5
	PHE518	CD2	3.2
	VAL523	CG2	3.6
C04	VAL523	CG2	3.7
C05	SER353	CA	3.6
	VAL523	CG1	3.6
C06	SER353	O	3.4
		CA	3.4
F01	GLN192	OE1	3.3
	LEU352	O	3.5
	ALA516	CB	3.6
	ILE517	CG2	3.7
	PHE518	N	3.8
F02	HIS90	NE2	2.5
		CD2	3.3
		CE1	3.3
	SER353	O	3.1
C13	TYR355	OH	3.6
	VAL523	CG1	3.5
C14	TYR355	OH	3.5
	VAL523	CG1	2.6
C15	ARG120	NH2	3.6
		NH1	3.6
		CZ	3.8
	TYR355	OH	3.5
	VAL523	CG1	3.6
	ALA527	CB	3.3
C16	TYR355	OH	3.6
C17	TYR355	CE2	3.5
		OH	3.7
F03	ARG120	NH1	3.2
C18	SER353	CB	3.1
		CA	3.5
	TYR355	OH	3.7
		CZ	3.7
Cl1	VAL349	CG1	3.2
	SER353	CB	3.7
	TYR355	CE2	3.5
	LEU359	CD1	3.3
C08	LEU352	CD2	3.6
		CB	3.6
		CG	3.7
C09	LEU352	CD2	3.3
C12	PHE518	CD2	3.6
		CE2	3.7
	VAL523	CA	3.6
O01	GLY526	O	2.9
		C	3.3
	SER530	CB	2.5
		OG	3.0
O03	TYR385	OH	2.9
		CZ	3.6
C19	TYR385	CE2	3.6
	TRP387	CZ2	3.7
	GLY526	CA	3.8

[72] 3-chloro-4,4',5'-trifluoro-4''-(methylsulfonyl)-1,1':2',1''-terphenyl, 잠재적 conformer의 COX-2에 대한 k_D = 0.50 μM

2.3.3 이중고리형

저해제-63, -64에서는 중심고리에 indene과 pyrazolopyridazine 이중고리가 위치하며 두 aryl 그룹의 한쪽에 methylsulfone기가 위치해 측면포켓과의 상호작용을 담당한다.

표 72 COX-2/COX-1에 대한 (63)-(64)의 선택적 저해[63]

저해제	IC_{50} (μM)	
	COX-2	COX-1
63	0.011	> 100
64	0.003	> 84.2

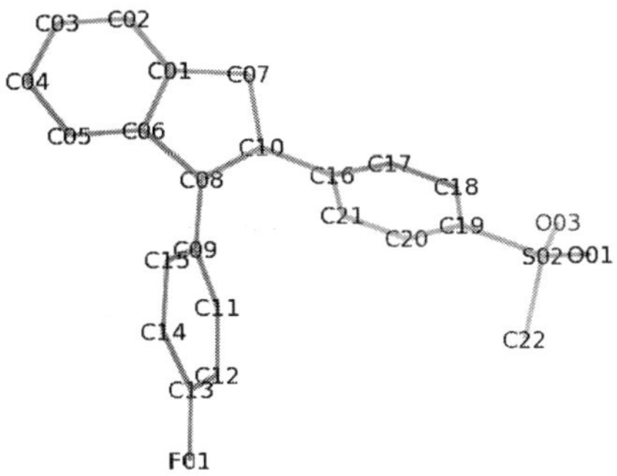

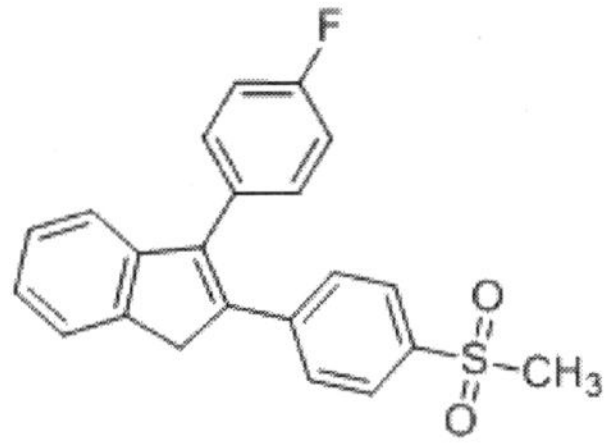

(63)

그림 63 저해제-63[73]의 원자명 표기

표 73 저해제-63과 근접한 COX-2 원자

리간드 원자	COX-2 잔기	COX-2 원자	거리(Å)
C01	LEU352	O	3.8
	SER353	O	3.6
		CA	3.7
	VAL523	CG2	3.7
C02	HIS90	NE2	3.2
	SER353	O	3.4
C03	GLN192	OE1	3.6
	LEU352	O	3.7
	ALA516	CB	3.5
C04	GLN192	OE1	3.7
	LEU352	O	3.5
	ILE517	CG2	3.5
	PHE518	CD2	3.4
		CB	3.7
		CG	3.8
C05	LEU352	O	3.4
	PHE518	CD2	2.9
		CE2	3.6
	VAL523	CG2	3.8
C06	LEU352	O	3.5
	VAL523	CG2	3.6
C07	SER353	CA	3.7
		O	3.7
	TYR355	OH	3.4
		CZ	3.8
		CE1	3.8
	VAL523	CG1	3.7
C10	SER353	CA	3.7
	VAL523	CG1	3.6
C11	LEU352	CB	3.8
		CD2	3.8
C12	LEU352	CD2	3.4
C13	LEU352	CD2	3.8
C15	PHE518	CE2	3.7
		CD2	3.8
C16	TYR355	OH	3.4
		CZ	3.8
C17	TYR355	OH	3.3
	VAL523	CG1	3.7
C18	ARG120	NH1	3.3
	TYR355	OH	3.5
	ALA527	CB	3.8
C19	TYR355	CE2	3.6
C20	VAL349	CG1	3.5
	SER353	CB	3.7
	TYR355	CE2	3.4
C21	VAL349	CG1	3.7
	SER353	CB	2.9
		CA	3.7
	TYR355	CE2	3.6
S02	VAL116	CG2	3.7
O01	VAL116	CG2	3.7
	ARG120	NH1	3.3
	LEU531	CD1	3.1
O03	VAL116	CG2	3.2
		CB	3.3
	TYR355	CE2	3.7
	LEU359	CD2	3.4
C22	LEU531	CD2	3.6
		CD1	3.7

[73] 3-(4-fluorophenyl)-2-(4-(methylsulfonyl)phenyl)-1H-indene, 잠재적 conformer의 COX-2에 대한 k_D = 6.2 nM

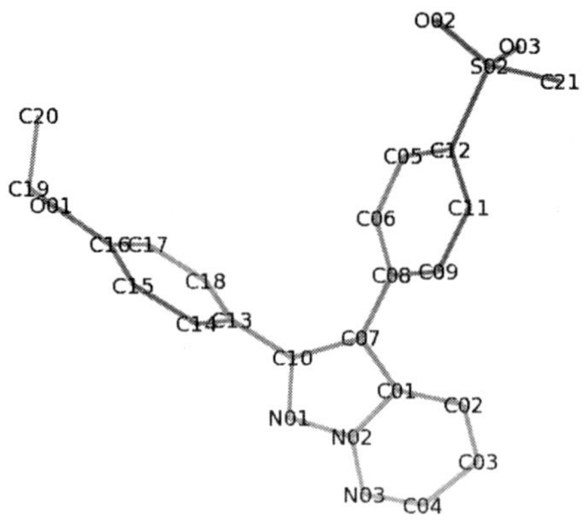

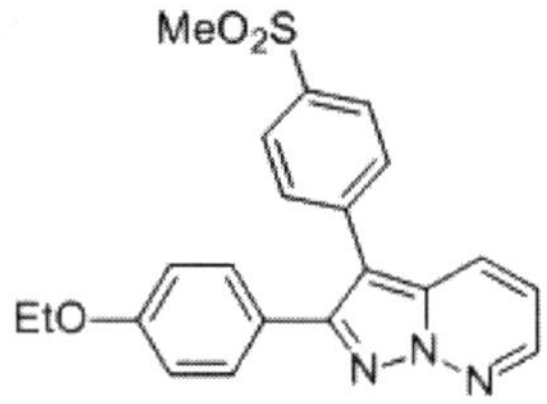

(64)

그림 64 저해제–64[74]의 원자명 표기

표 74 저해제–64와 근접한 COX–2 원자

리간드 원자	COX–2 잔기	COX–2 원자	거리(Å)	리간드 원자	COX–2 잔기	COX–2 원자	거리(Å)
C01	LEU352	O	3.7		GLY526	C	3.6
	VAL523	CG2	3.5		SER530	CB	2.9
N01	SER353	CA	3.3			OG	3.3
		O	3.5	O03	LEU352	CD2	3.6
		CB	3.7		TYR385	OH	2.8
	TYR355	OH	3.5			CZ	3.2
		CE1	3.7			CE2	3.5
		CZ	3.7		TRP387	CH2	2.9
C02	LEU352	O	3.6			CZ2	3.6
	PHE518	CD2	3.0	C21	LEU384	CD1	3.6
		CE2	3.7		TRP387	CZ2	3.3
	VAL523	CG2	3.5		GLY526	CA	3.7
N02	LEU352	O	3.7	C13	TYR355	OH	3.3
	SER353	CA	3.5			CZ	3.7
		O	3.5	C14	TYR355	OH	3.1
C03	GLN192	OE1	3.7		VAL523	CG1	3.5
	LEU352	O	3.5	C15	ARG120	NH1	3.1
	PHE518	CD2	3.6			CZ	3.6
N03	HIS90	NE2	3.1		TYR355	OH	3.5
		CD2	3.6		ALA527	CB	3.6
	SER353	O	3.1	C17	VAL349	CG1	3.6
		C	3.8		TYR355	CE2	3.5
C04	LEU352	O	3.6	C18	SER353	CB	3.1
C07	VAL523	CG1	3.7		TYR355	CE2	3.6
C10	SER353	CA	3.6	C19	VAL116	CG2	3.5
	VAL523	CG1	3.7		LEU359	CD2	3.5
C09	PHE518	CD2	3.7	C20	VAL116	CG2	3.7
	VAL523	CA	3.6		LEU359	CD2	3.7
C05	LEU352	CD2	3.4			CD2	3.5
O02	GLY526	O	3.2			CD1	3.8

[74] 2–(4–ethoxyphenyl)–3–(4–(methylsulfonyl)phenyl)pyrazolo[1,5–b]pyridazine. 잠재적 conformer의 COX–2에 대한 k_D = 92 nM

2.3.4 비고리형

저해제-65, -66에서는 두 aryl 그룹이 hydrozide와 urea로 각각 연결되어 있으며, 연결그룹이 이중결합의 탄소골격이 되어 di- 또는 tri-aryl 치환기를 가진 형태가 저해제-67로부터 -70까지이다. 유사한 구조로서 resveratrol[75]과 tamoxifen[76]을 들 수 있다.

표 75 COX-2/COX-1에 대한 (65)-(70)의 선택적 저해[64-71]

저해제	IC_{50} (μM)	
	COX-2	COX-1
65	0.01	> 10
66	0.11	22.4
67	0.77	> 100
68	0.032	> 100
69	0.014	> 100
70	0.42	> 100

75 5-[(E)-2-(4-hydroxyphenyl)ethenyl]benzene-1,3-diol

76 2-[4-[(Z)-1,2-diphenylbut-1-enyl]phenoxy]-N,N-dimethylethanamine

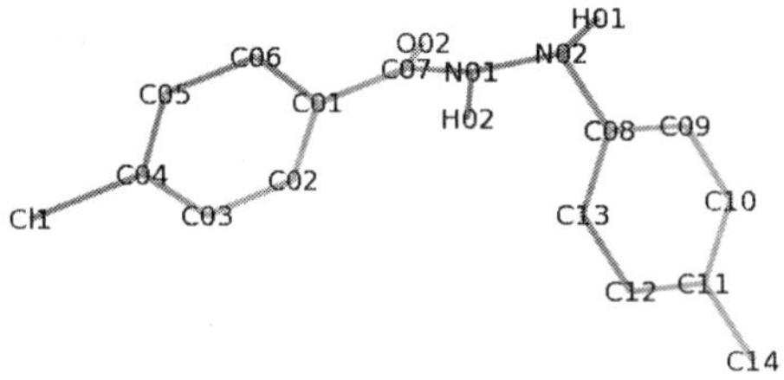

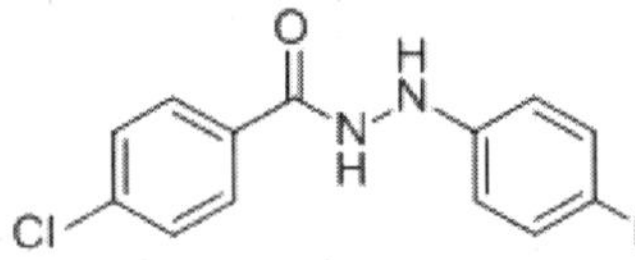

(65)

그림 65 저해제-65[77]의 원자명 표기

표 76 저해제-65와 근접한 COX-2 원자

리간드 원자	COX-2 잔기	COX-2 원자	거리(Å)
C01	SER353	CA	3.6
C02	LEU352	O	3.4
		C	3.8
	PHE518	CD2	3.6
	VAL523	CG2	3.8
C03	LEU352	O	3.4
	PHE518	CD2	3.7
	VAL523	CG2	3.6
C04	HIS90	NE2	3.8
	VAL523	CG2	3.5
C05	HIS90	NE2	3.4
		CD2	3.5
	SER353	O	3.6
	VAL523	CG2	3.7
C06	SER353	CA	3.5
	TYR355	OH	3.9
	VAL523	CG1	3.6
Cl1	HIS90	NE2	3.2
		CE1	3.6
	ARG513	CB	3.7
	ALA516	CB	3.3
N01	VAL523	CG1	3.8
H02	VAL523	CG1	2.9
		CA	3.6
		O	3.6
		CB	3.7
O02	VAL349	O	3.7
		CG1	3.8
	LEU352	CB	3.4
		C	3.8
	SER353	N	3.5
		CA	3.6
		CB	3.8
N02	ALA527	CB	3.7
		CA	3.8
H01	ALA527	CB	2.8
		CA	3.0
		N	3.7
C08	ALA527	CA	3.8
		N	3.8
C09	SER530	CB	3.5
		OG	3.7
C10	GLY526	O	3.6
		C	3.8
	SER530	CB	3.4
		OG	3.7
C11	GLY526	CA	3.7
		C	3.7
		O	3.8
C12	GLY526	CA	3.5
		C	3.7
C14	PHE381	CE1	3.8
	LEU384	CD1	3.4
	TYR385	CE2	3.2
		CD2	3.5
		CZ	3.8
	TRP387	CZ2	3.4
		CH2	3.9
	GLY526	CA	3.9
C13	ALA527	N	3.7

[77] 4-chloro-N'-(p-tolyl)benzohydrazide, 잠재적 conformer의 COX-2에 대한 k_D = 0.42 μM

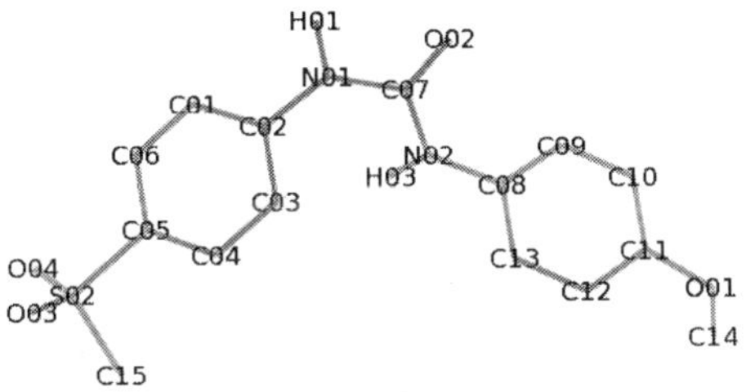

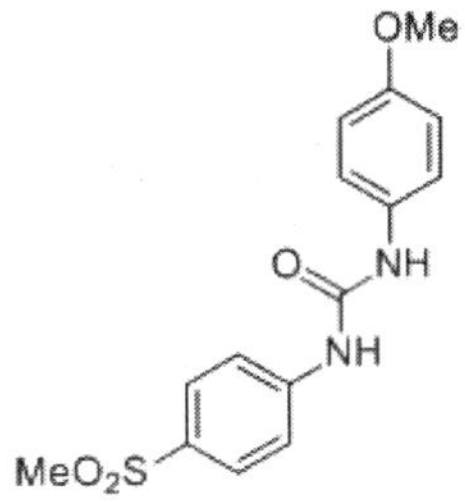

(66)

그림 66 저해제-66[78]의 원자명 표기

표 77 저해제-66과 근접한 COX-2 원자

리간드 원자	COX-2 잔기	COX-2 원자	거리(Å)	리간드 원자	COX-2 잔기	COX-2 원자	거리(Å)
C01	VAL349	CG1	3.6		SER353	O	3.4
	ALA527	CB	3.7		VAL523	CG2	3.8
		CA	3.7	C13	SER353	CA	3.6
C02	ALA527	CB	3.4			O	3.9
		CA	3.7		VAL523	CG1	3.7
C03	ALA527	CB	3.6			CG2	3.8
C06	VAL349	CG1	3.5	O01	HIS90	NE2	3.6
	LEU531	CD1	3.7		GLN192	OE1	3.7
		CG	3.7		ALA516	CB	3.0
		CD2	3.8	C14	HIS90	NE2	3.3
N01	ALA527	CB	3.8			CE1	3.6
		CA	3.8		GLN192	OE1	3.3
O02	VAL523	CA	3.6		SER353	O	3.4
H03	SER353	CA	3.6		ALA516	CB	2.9
		CB	3.8	S02	VAL116	CG2	3.6
H01	ALA527	CA	3.4		LEU531	CD1	3.6
		N	3.5	O04	MET113	CE	3.8
		CB	3.7		VAL116	CG2	3.6
C08	LEU352	O	3.9		LEU359	CD2	3.8
	SER353	CA	3.7			CD2	3.4
	VAL523	CG2	3.8			CD1	3.6
C09	LEU352	O	3.3	O03	VAL116	CG2	3.2
		C	3.8			CB	3.5
	PHE518	CD2	3.3			O	3.6
		CE2	3.8		ARG120	NH1	3.7
C10	LEU352	O	3.1		LEU531	CD1	3.0
	PHE518	CD2	3.5	C15	VAL116	CG2	3.7
C11	LEU352	O	3.5		TYR355	CE2	3.4
C12	HIS90	NE2	3.4			CD2	3.9
		CD2	3.7		LEU359	CD2	3.4

[78] 1-(4-methoxyphenyl)-3-(4-(methylsulfonyl)phenyl)urea, 잠재적 conformer의 COX-2에 대한 k_D = 4.48 μM

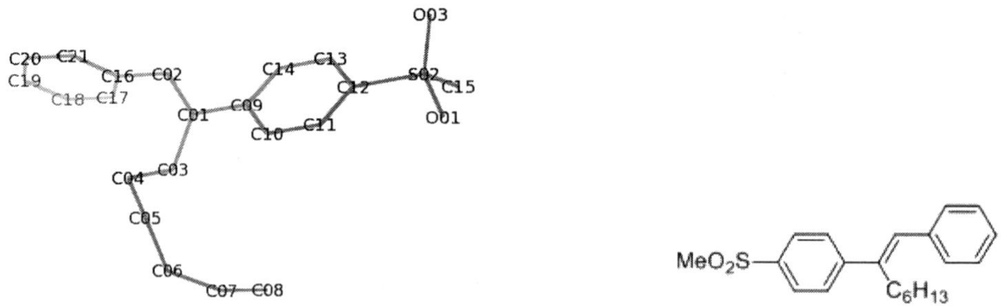

(67)

그림 67 저해제-67[79]의 원자명 표기

표 78 저해제-67과 근접한 COX-2 원자

리간드 원자	COX-2 잔기	COX-2 원자	거리(Å)	리간드 원자	COX-2 잔기	COX-2 원자	거리(Å)
C02	SER353	CB	3.7	O03	HIS90	NE2	3.6
	TYR355	OH	3.4		GLN192	OE1	3.2
		CE2	3.5		LEU352	O	3.3
		CZ	3.6		SER353	O	3.3
C09	SER353	CA	3.7		ALA516	CB	3.3
	VAL523	CG1	3.7	C15	ARG513	NH1	3.6
C11	LEU352	O	3.4			CB	3.6
		C	3.7			CD	3.7
	PHE518	CD2	3.8			CG	3.8
C12	LEU352	O	3.5		ALA516	CB	3.7
	VAL523	CG2	3.6		PHE518	O	3.7
C13	HIS90	NE2	3.7		VAL523	CG2	3.4
		CD2	3.7	C03	ALA527	CB	3.5
	SER353	O	3.5	C04	VAL349	CG1	3.3
		CA	3.7	C07	PHE518	CE2	3.7
C14	SER353	CA	3.6	C08	PHE518	CE2	3.7
	TYR355	OH	3.3			CD2	3.8
		CZ	3.7		MET522	O	3.7
	VAL523	CG1	3.6		VAL523	CA	3.6
S02	GLN192	OE1	3.7	C16	TYR355	CE2	3.7
	LEU352	O	3.6	C17	ARG120	NH1	3.3
	ALA516	CB	3.7	C18	ARG120	NH1	3.5
O01	GLN192	OE1	3.4		LEU531	CD1	3.2
	LEU352	O	3.7	C19	VAL116	CG2	3.6
	ILE517	CG2	3.2		LEU531	CD1	3.2
		N	3.8	C20	VAL349	CG1	3.8
	PHE518	N	3.3		LEU359	CD1	3.6
		CD2	3.5			CD2	3.7
		CB	3.5	C21	VAL349	CG1	3.2
		CG	3.7		LEU359	CD1	3.6

[79] (E)-1-(methylsulfonyl)-4-(1-phenyloct-1-en-2-yl)benzene, 잠재적 conformer의 COX-2에 대한 K_D = 0.42 μM

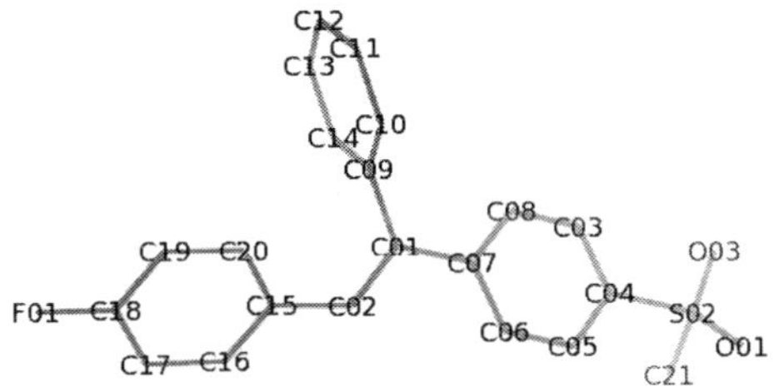

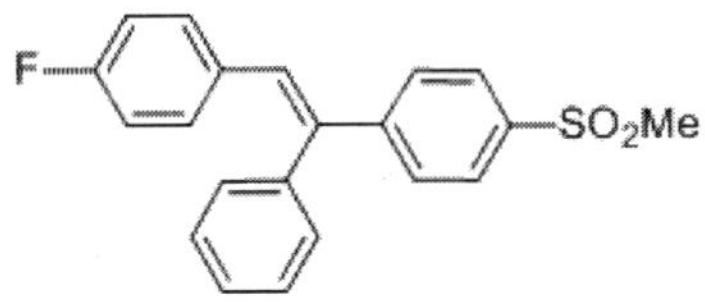

(68)

그림 68 저해제-68[80]의 원자명 표기

표 79 저해제-68와 근접한 COX-2 원자

리간드 원자	COX-2 잔기	COX-2 원자	거리(Å)
C02	SER353	CB	3.5
C07	SER353	CA	3.5
C08	LEU352	O	3.7
C03	LEU352	O	3.3
	PHE518	CD2	3.5
	VAL523	CG2	3.7
C04	LEU352	O	3.6
	VAL523	CG2	3.5
C05	HIS90	NE2	3.6
		CD2	3.8
	SER353	O	3.6
	VAL523	CG2	3.7
C06	SER353	CA	3.5
	TYR355	OH	3.7
	VAL523	CG1	3.7
S02	ALA516	CB	3.4
O01	HIS90	NE2	3.7
	ARG513	CB	3.3
		NH1	3.4
		CD	3.4
		CG	3.5
	ALA516	CB	3.6
	PHE518	O	3.8
	VAL523	CG2	3.5
O03	GLN192	OE1	3.3
	ALA516	CB	3.2
	ILE517	N	3.4
		CG2	3.5
	PHE518	N	3.1
		CB	3.5
		O	3.6
		CA	3.7
C21	HIS90	NE2	3.3
	GLN192	OE1	3.3
	SER353	O	3.5
	ALA516	CB	3.0
C10	ALA527	CA	3.6
		CB	3.6
C11	ALA527	CA	3.4
		N	3.5
C13	VAL349	CG2	3.2
		CG1	3.6
	LEU352	CD2	3.5
C14	VAL349	CG1	3.1
C15	VAL349	CG1	3.6
C16	VAL349	CG1	3.6
	TYR355	CE2	3.3
	LEU359	CD1	3.7
C17	LEU359	CD1	3.4
		CD2	3.5
C18	LEU531	CD1	3.5
		CD2	3.7
C19	LEU531	CD1	3.2
		CG	3.6
		CD2	3.7
F01	VAL116	CG2	3.5
	LEU531	CD2	3.0
		CD1	3.0
		CG	3.5
C20	ALA527	CB	3.7

80 (E)-1-fluoro-4-(2-(4-(methylsulfonyl)phenyl)-2-phenylvinyl)benzene, 잠재적 conformer의 COX-2에 대한 k_D = 92 nM

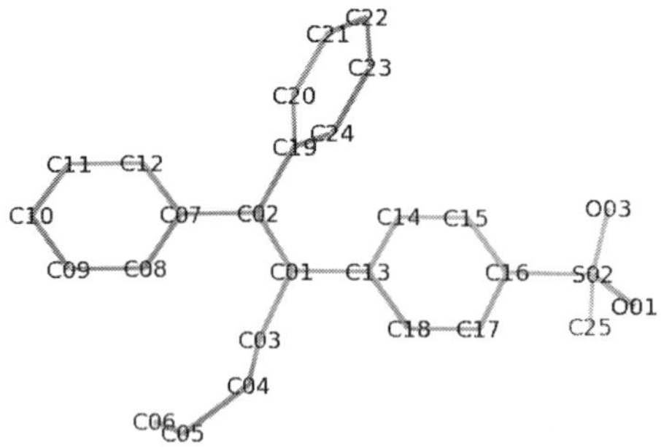

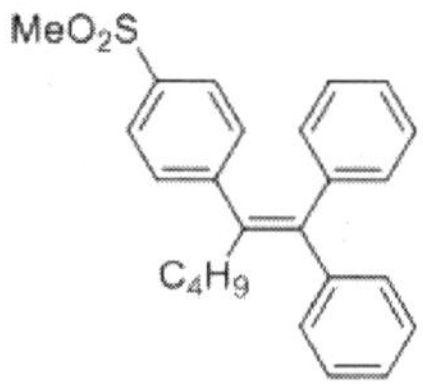

(69)

그림 69 저해제-69[81]의 원자명 표기

표 80 저해제-69와 근접한 COX-2 원자

리간드 원자	COX-2 잔기	COX-2 원자	거리(Å)	리간드 원자	COX-2 잔기	COX-2 원자	거리(Å)
C13	SER353	CA	3.7	C06	TYR355	CE2	3.5
C15	LEU352	O	3.2		LEU359	CD1	3.5
	PHE518	CD2	3.6	C07	VAL349	CG1	3.6
C16	LEU352	O	3.6	C08	ALA527	CB	3.3
	VAL523	CG2	3.5			CA	3.5
C17	VAL523	CG2	3.6	C09	ALA527	O	3.6
C18	TYR355	OH	3.6		LEU531	CG	3.1
	VAL523	CG1	3.5			CD1	3.2
S02	ALA516	CB	3.7			CD2	3.4
O01	HIS90	NE2	3.5	C10	SER530	OG	3.3
	ARG513	NH1	3.3		LEU531	CG	3.0
		CB	3.6			CD2	3.0
		CD	3.6	C11	VAL349	CG2	3.0
		CG	3.7			CG1	3.6
	VAL523	CG2	3.4		SER530	OG	2.6
O03	GLN192	OE1	3.4			CB	3.2
	ALA516	CB	3.4	C12	VAL349	CG2	3.2
	ILE517	CG2	3.5			CG1	3.4
		N	3.7		SER530	OG	3.6
	PHE518	N	3.2	C20	LEU352	CD2	3.4
		CB	3.5	C21	LEU352	CD2	3.5
C25	HIS90	NE2	3.4		TRP387	CH2	3.6
	GLN192	OE1	3.3		PHE518	CE2	3.1
	LEU352	O	3.4	C22	PHE518	CE2	3.2
	SER353	O	3.2			CD2	3.5
	ALA516	CB	3.3	C23	MET522	O	3.2
C03	SER353	CB	3.4		VAL523	CA	3.1
C04	TYR355	OH	3.3			O	3.6
		CE2	3.5	C24	VAL523	CA	3.4
C05	TYR355	CE2	3.3			O	3.4

81 (2-(4-(methylsulfonyl)phenyl)hex-1-ene-1,1-diyl)dibenzene, 잠재적 conformer의 COX-2에 대한 k_D = 0.50 μM

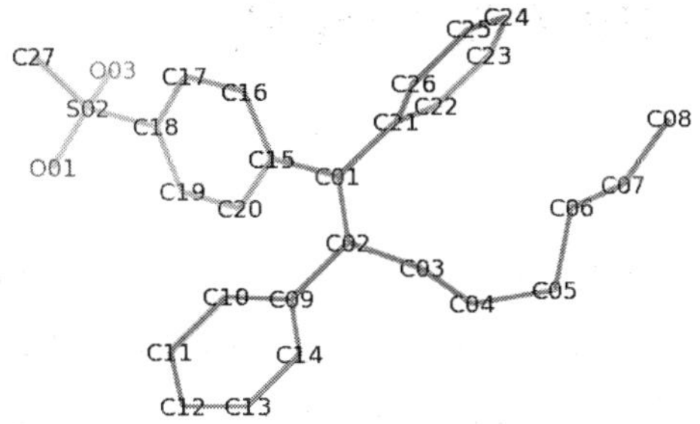

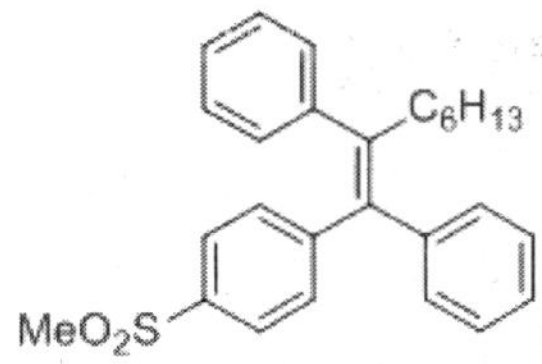

(70)

그림 70 저해제-70[82]의 원자명 표기

표 81 저해제-70과 근접한 COX-2 원자

리간드 원자	COX-2 잔기	COX-2 원자	거리(Å)	리간드 원자	COX-2 잔기	COX-2 원자	거리(Å)
C02	ALA527	CB	3.6		TYR355	CE2	3.0
C16	TYR355	OH	3.6			CD2	3.5
	VAL523	CG1	3.3		LEU359	CD1	3.6
C17	VAL523	CG1	3.6	C24	TYR355	CE2	3.0
		CG2	3.7	C25	ARG120	NH1	3.2
C18	LEU352	O	3.4		TYR355	CE2	3.7
	SER353	CA	3.7			OH	3.7
	VAL523	CG2	3.6	C26	ARG120	NH1	3.7
C19	LEU352	O	3.3	C10	VAL523	CA	3.3
		C	3.6			O	3.3
	PHE518	CD2	3.7		ALA527	N	3.6
S02	LEU352	O	3.5	C11	MET522	O	3.3
O01	GLN192	OE1	3.4			C	3.7
	LEU352	O	3.7		VAL523	CA	3.3
	ILE517	CG2	3.4	C12	TRP387	CZ2	3.7
	PHE518	N	3.4		PHE518	CE2	3.2
		CD2	3.5			CD2	3.7
		CB	3.6	C13	LEU352	CD2	3.6
O03	HIS90	NE2	3.6		TRP387	CH2	3.6
	GLN192	OE1	3.3		PHE518	CE2	3.6
	LEU352	O	3.0	C14	LEU352	CD2	3.7
	SER353	O	3.0	C03	ALA527	CA	3.0
		C	3.5	C04	VAL349	CG1	3.2
C27	HIS90	NE2	3.5			CG2	3.3
	ARG513	NH1	3.4	C05	VAL349	CG1	3.4
	VAL523	CG2	3.4			CG2	3.4
C22	VAL349	CG1	3.2	C06	VAL349	CG1	3.3
	SER353	CB	3.3	C07	VAL349	CG1	3.0
	TYR355	CE2	3.7	C08	MET113	CE	3.6
C23	VAL349	CG1	3.7		LEU359	CD2	3.6

[82] (Z)-(1-(4-(methylsulfonyl)phenyl)oct-1-ene-1,2-diyl)dibenzene, 잠재적 conformer의 COX-2에 대한 k_D = 1.37 μM

3. Alkylsulfonanilide 저해제

3.1 일반적특성

Nimesulide와 같은 alkylsulfonanilide의 항염증성에 대한 연구는 오랜 역사를 지닌다. 특히 nimesulide와 구조적 유사체인 NS-398의 등장 및 이들 저해제의 COX-2 선택성은 이 계열의 저해제에 대한 새로운 관심을 불러왔다. Alkylsulfonanilide에 속하는 저해제의 공통적인 특징으로 alkyl 치환기는 methyl기이며, 할로겐으로 치환된 methyl기도 보고된 바 있다. Sulfonamide 질소가 methyl기로 치환된 경우 저해활성을 상실한다. Phenyl 고리의 ortho-위치에는 ether 또는 thioether 형태로 aryl기, 헤테로고리, cycloalkyl기가 붙어있다. 한편 para-치환 위치에는 전자를 끌어 당기는 그룹이 존재하며 4-acetyl, 4-cyano, 4-carboxamido, sulfonyl 등이 예에 속한다. 추가로 phenyl 고리와 융합된 이중고리 형태도 존재한다. Flosulide[83]에서는 cyclopentanone이 T-614[84]에서는 pyranone 헤테로고리가 phenyl 고리와 함께 이중고리를 형성한다.

3.2 결정구조상의 결합 특이성

NS-398은 sulfonanilide 계열의 COX-2 선택적 저해제로 diaryl 헤테로고리 화합물과 구별되는 결합특성을 보여준다[2]. Carboxylic acid group의 부재와 methanesulfonamide 작용기의 존재에도 불구하고 시간의존적 저해능은 Arg513 보다 Arg120에 의존한다. Val523Ile COX-2 돌연변이는 NS-398의 시간의존적 저해를 단순 가역적 저해로 전환한다.

COX-2와의 결합구조에서 NS-398의 methanesulfonamide는 COX 채널의 입구에 위치해 Arg120과 Tyr355 곁사슬과 이웃한다. Methanesulfonamide의 산소원자는 Arg120의 두 질소원자(Nε, Nη2)와 이온 및 수소결합으로 안정화되어 있으며 methyl기는 채널내부의 Val116, Arg120, Ala527, Leu531의 소수성 곁사슬과 van der Waals 접촉거리에 위치한다. NS-398의 nitro 그룹은 His90, Arg513, Val523으로 구성된 측면포켓 근처에 위치하며, nitro 그룹 산소중의 하나는 His90의 Nε2 질소와 수소결합을 형성한다. Nitrophenyl의 phenyl기는 측면포켓의 Val523 곁사슬과 van der Waals 접촉거리이다. COX 채널의 천정에는 Phe381, Leu384, Trp387, Phe518로 구성된 소수성 틈새가 존재하고 이 지역은 기질인 AA가 PGG2로 전환할 때 cyclopentane 고리형성의 안정화에 기여한다. NS-398의 cyclohexane 부분도 이 소수성 틈새에 위치하여 Trp387의 곁사슬과 van der Waals 접촉을 이룬다. Gly526, Ala527의 골격원자와 Ser530의 Cβ 탄소도 cyclohexane과 van der Waals접촉거리상에 위치한다. Methanesulfon-

[83] N-(6-(2,4-difluorophenoxy)-1-oxo-2,3-dihydro-1H-inden-5-yl)methanesulfonamide
[84] 7-(methylsulfonamido)-4-oxo-6-phenoxy-4H-chromene-3-carboxamide

amide와 cyclohexane을 연결하는 산소원자는 COX 채널 기저부에 위치한 규칙적 물 분자와 수소결합을 형성한다.

NS−398이 COX 채널에 결합한 양상은 indomethacin의 경우와 유사하다. Indomethacin의 carboxylate 그룹과 NS−398의 methanesulfonamide 부분은 공통적으로 채널입구의 Arg120과 상호작용한다. 이 상호작용은 indomethacin와 NS−398 모두에서 저해능의 결정인자로 작용한다. Celecoxib의 경우 sulfonamide 부분은 측면포켓에 위치한 His90, Arg513과 상호작용한다. 결과적으로 NS−398의 nitro 그룹 보다는 이 측면포켓에 더 깊숙하게 삽입된다. Celecoxib에서는 Arg120과의 상호작용을 trifluoromethyl 그룹이 담당하여 수소결합을 형성한다.

Nimesulide의 황과 methyl기는 Arg120과 Tyr355에 각각 위치한다[5]. Nitrophenyl 그룹의 질소는 측면포켓의 입구에 놓여 있는 반면에 cyclohexane 고리는 Ser530 근처의 활성부위 쪽으로 확장되어있다. COX−1에 결합한 celecoxib에서 보듯이 bulky한 nitrosyl그룹을 수용하기 위해 Ile523의 곁사슬은 확장된 conformer 형태를 취한다.

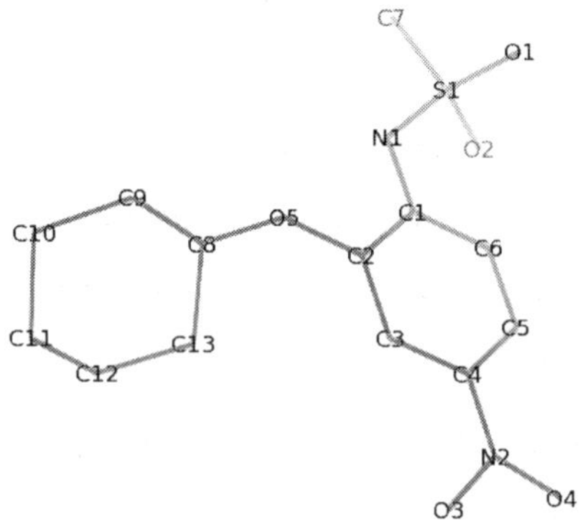

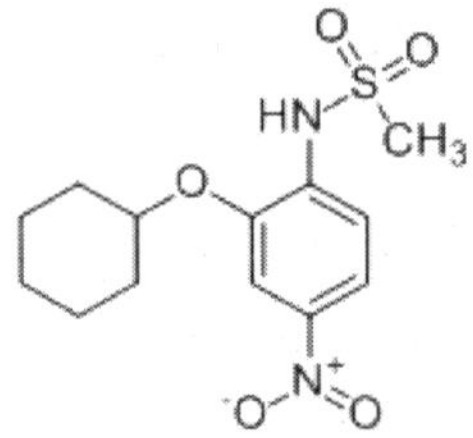

(71)

그림 71 저해제-71[85]의 원자명 표기

표 82 저해제-71과 근접한 COX-2 원자

리간드 원자	COX-2 잔기	COX-2 원자	거리(Å)
N1	VAL349	CG1	3.7
	ALA527	CB	3.5
O1	VAL349	CG1	4.0
	TYR355	CE2	3.9
S1	ALA527	CB	3.8
N2	LEU352	O	3.4
		C	3.8
	SER353	CA	3.6
		N	3.9
	VAL523	CG2	3.4
O2	ARG120	NH2	3.1
		NE	3.2
		CZ	3.5
	TYR355	OH	3.5
	ALA527	CB	3.7
O3	LEU352	O	2.9
		C	3.3
		CB	3.8
	SER353	N	4.0
	PHE518	CD2	3.4
		CE2	3.9
	VAL523	CG2	3.7
C4	SER353	CA	3.6
		N	4.0
	VAL523	CG2	3.7
		CG1	3.8
O4	HIS90	NE2	3.6
		CD2	3.9
	LEU352	O	3.9
	SER353	O	3.6
		CA	3.9
	VAL523	CG2	3.4
C5	SER353	CA	3.8
		CB	3.9
	TYR355	OH	3.6
	VAL523	CG1	3.6
O5	VAL349	CG1	3.8
C6	TYR355	OH	3.4
	VAL523	CG1	3.9
C7	VAL116	CG1	3.9
	ARG120	CG	3.9
		NE	4.0
	ALA527	CB	3.6
	LEU531	CD1	3.1
		CG	3.2
		CD2	3.6
C8	ALA527	CA	4.0
C9	SER530	OG	3.9
C10	TYR385	OH	3.6
	SER530	CB	3.9
C11	TRP387	CZ2	3.3
		CH2	3.3
C12	MET522	O	3.7
	GLY526	CA	3.8
		C	4.0

[85] N-(2-(cyclohexyloxy)-4-nitrophenyl)methanesulfonamide (NS-398)

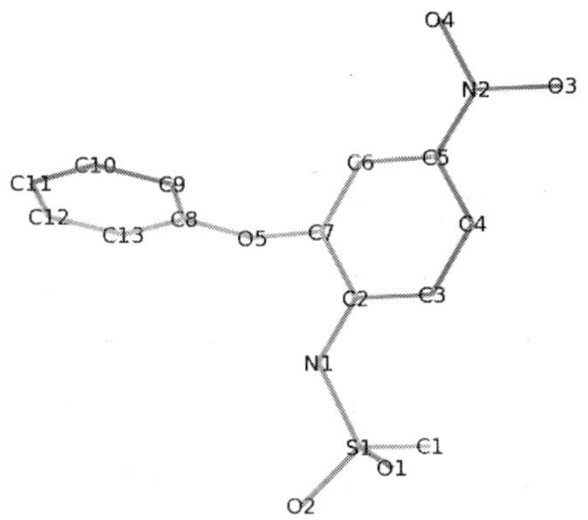

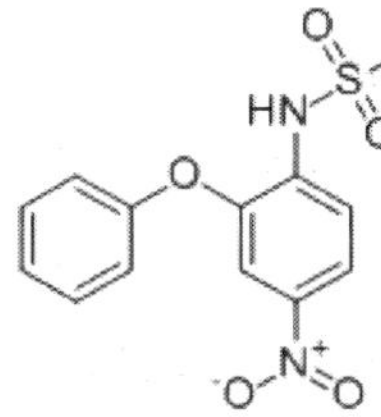

(72)

그림 72 저해제-72[86]의 원자명 표기

표 83 저해제-72와 근접한 COX-2 원자

리간드 원자	COX-2 잔기	COX-2 원자	거리(Å)	리간드 원자	COX-2 잔기	COX-2 원자	거리(Å)
C1	VAL349	CG1	3.7			CZ	3.6
N1	VAL349	CG1	3.6		ILE523	CG2	3.6
	ALA527	CB	3.2	O4	LEU352	O	2.6
O1	ARG120	NE	2.7			C	3.3
		NH2	2.9		PHE518	CE2	3.3
		CZ	3.2		ILE523	CG1	3.7
		CD	3.8			CD1	3.8
	ALA527	CB	3.2	C5	LEU352	O	3.9
S1	ALA527	CB	3.5		SER353	CA	3.4
N2	LEU352	O	3.2			N	3.8
		C	3.6		ILE523	CG1	3.8
	SER353	CA	3.3	O5	VAL349	CG1	3.7
		N	3.8		LEU352	CD2	3.3
	ILE523	CG1	3.5	C6	LEU352	CB	3.6
		CD1	3.6			C	3.8
O2	ALA527	CB	3.6		SER353	N	3.8
	LEU531	CD1	3.1	C8	LEU352	CD2	3.3
		CG	3.2	C9	ALA527	N	3.7
		CD2	3.7	C10	MET522	O	3.7
C3	TYR355	OH	3.6		GLY526	CA	3.4
		CZ	3.8			C	3.6
O3	HIS90	NE2	3.9		ALA527	N	3.4
	LEU352	O	3.7	C11	GLY526	CA	3.6
	SER353	O	3.0			C	3.6
		CA	3.4		ALA527	N	3.8
		C	3.5	C12	SER530	OG	3.4
	ILE523	CD1	3.4			CB	3.4
C4	SER353	CA	3.7	C13	LEU352	CD2	3.3
		CB	3.8		SER530	OG	3.3
	TYR355	OH	3.4			CB	3.7

[86] N-(4-nitro-2-phenoxyphenyl)methanesulfonamide (nimesulide)

3.3 Docking상의 잠재적 결합모드

3.3.1 Alkylsulfonanilide 변형체

저해제-73은 nimesulide 유사체로 전자를 끌어당기는 치환기가 5각의 carbocycle에 포함되어 있으며, 저해제-74에서는 6각 헤테로고리가 융합된 chromene이 기본 고리를 이룬다. Benzofuranone 고리의 저해제-75는 thiazole 고리의 치환기가 bulky한 propyl, isopropyl, tert-butyl, phenyl인 경우 저해능을 상실하며 ethyl기는 COX-2에 대한 선택적 저해를 나타낸다. 비극성의 tricycle의 melitracene[87] 유사체인 저해제-76은 phenothiazine 고리에 phenoxy 그룹이 첨가된 구조이며 두 benzene 고리가 활성부위의 소수성 잔기와 van der Waals 상호작용이 기대된다.

표 84 COX-2/COX-1에 대한 (73)-(76)의 선택적 저해[70, 71]

저해제	IC_{50} (μM)	
	COX-2	COX-1
73	NA	NA
74	NA	NA
75	1	> 100
76	1.3	> 50

[87] 3-(10,10-dimethylanthracen-9-ylidene)-N,N-dimethylpropan-1-amine

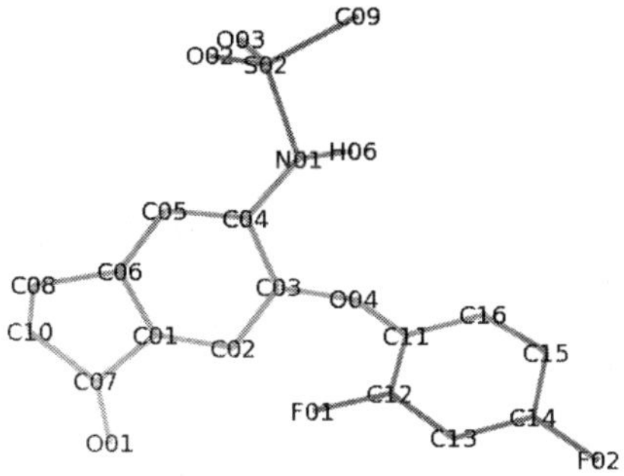

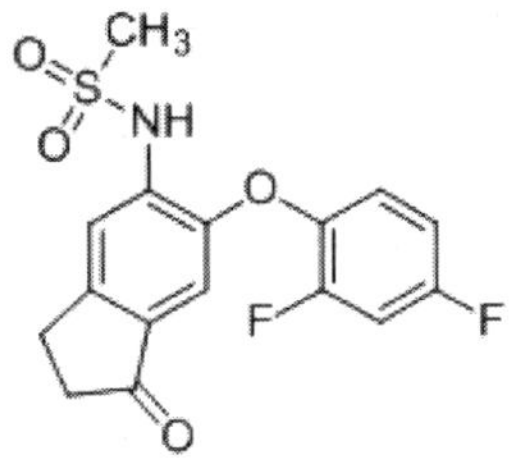

(73)

그림 73 저해제-73[88]의 원자명 표기

표 85 저해제-73과 근접한 COX-2 원자

리간드 원자	COX-2 잔기	COX-2 원자	거리(Å)
C01	LEU352	O	3.6
	VAL523	CG2	3.7
O01	GLN192	OE1	3.8
	LEU352	O	3.4
	ILE517	CG2	3.6
	PHE518	CD2	3.2
		CB	3.8
		CG	3.8
C02	PHE518	CD2	3.6
		CE2	3.7
C05	SER353	CA	3.8
	TYR355	OH	3.8
	VAL523	CG1	3.6
C06	SER353	CA	3.6
	VAL523	CG1	3.6
		CG2	3.8
C07	LEU352	O	3.2
	VAL523	CG2	3.7
C08	HIS90	CD2	3.5
		NE2	3.5
	SER353	O	3.8
	ARG513	NH1	3.8
	VAL523	CG2	3.6
		CG1	3.7
C10	HIS90	NE2	3.4
	LEU352	O	3.6
	SER353	O	3.2
		C	3.8
		CA	3.8
O04	LEU352	CD2	3.3

리간드 원자	COX-2 잔기	COX-2 원자	거리(Å)
		CG	3.7
		CB	3.8
C11	LEU352	CD2	3.7
C12	PHE518	CE2	3.8
C13	GLY526	CA	3.6
F01	PHE518	CD2	3.5
		CE2	3.6
	MET522	O	3.8
	VAL523	CA	3.2
C14	TRP387	CZ2	3.8
	GLY526	CA	3.7
C15	TYR385	OH	3.8
F02	PHE381	CE1	3.4
	LEU384	CD1	3.3
	TYR385	CE2	3.1
		CD2	3.4
		CZ	3.8
	TRP387	CZ2	3.8
	GLY526	CA	3.7
C16	LEU352	CD2	3.7
N01	VAL349	CG1	3.8
H06	VAL349	CG1	3.2
O02	ARG120	NH1	3.4
	TYR355	OH	3.6
	ALA527	CB	3.5
O03	VAL349	CG1	3.5
	SER353	CB	3.6
	TYR355	CE2	3.5
C09	ALA527	CB	3.8
	LEU531	CD1	3.7

[88] N-(6-(2,4-difluorophenoxy)-1-oxo-2,3-dihydro-1H-inden-5-yl)methanesulfonamide, 잠재적 conformer의 COX-2에 대한 k_D = 24 nM

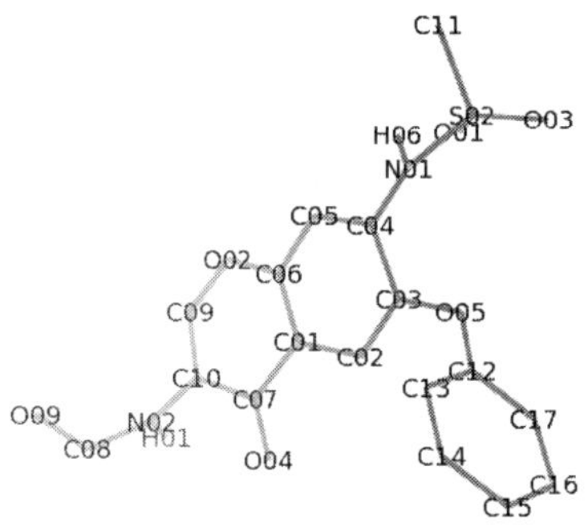

(74)

그림 74 저해제-74[89]의 원자명 표기

표 86 저해제-74와 근접한 COX-2 원자

리간드 원자	COX-2 잔기	COX-2 원자	거리(Å)	리간드 원자	COX-2 잔기	COX-2 원자	거리(Å)
C01	SER353	CA	3.6	C15	TYR385	OH	3.3
O02	SER353	CA	3.5			CE2	3.7
		O	3.7	C16	LEU352	CD2	3.7
	TYR355	OH	3.2		TYR385	OH	3.4
		CZ	3.5		SER530	OG	3.6
		CE1	3.6	C17	VAL349	CG2	3.1
C03	VAL349	CG1	3.7		LEU352	CD2	3.7
O04	LEU352	O	3.4	N02	LEU352	O	3.5
		CG	3.5	H01	GLN192	OE1	3.1
		C	3.6		LEU352	O	2.9
		CB	3.6		ALA516	CB	3.7
	PHE518	CD2	3.1	C08	ALA516	CB	3.5
		CE2	3.3		PHE518	O	3.5
C05	TYR355	OH	3.3			CB	3.6
C06	SER353	CA	3.6		VAL523	CG2	3.5
		CB	3.7	O09	ARG513	CB	3.4
C07	LEU352	O	3.4			CD	3.5
		C	3.7			CG	3.6
C09	HIS90	NE2	3.6			NH1	3.7
		CD2	3.7		ALA516	CB	3.5
	SER353	O	3.4		PHE518	O	3.2
		CA	3.6		VAL523	CG2	3.4
C10	LEU352	O	3.4	N01	ALA527	CB	3.3
	VAL523	CG2	3.7	H06	ALA527	CB	2.5
O05	VAL349	CG1	3.2			CA	3.4
C13	GLY526	C	3.7	O01	VAL349	CG1	3.5
	ALA527	N	3.6		TYR355	CE2	3.6
		CA	3.6		LEU359	CD1	3.7
C14	GLY526	O	3.5	O03	VAL349	CG1	3.5
		C	3.6	C11	ARG120	NH1	3.4

[89] N-(7-(methylsulfonamido)-4-oxo-6-phenoxy-4H-chromen-3-yl)formamide, 잠재적 conformer의 COX-2에 대한 K_D = 0.25 μM

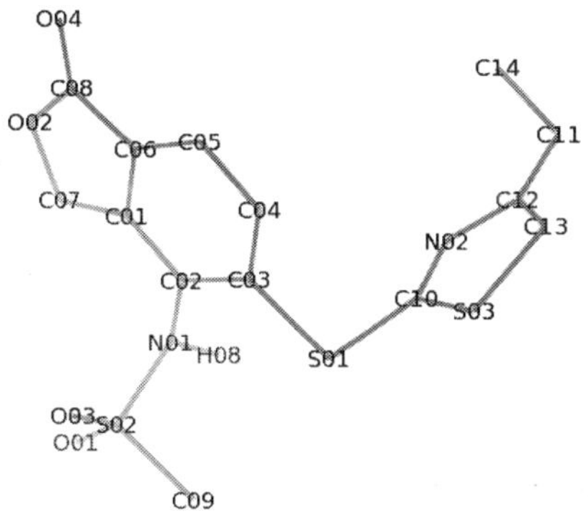

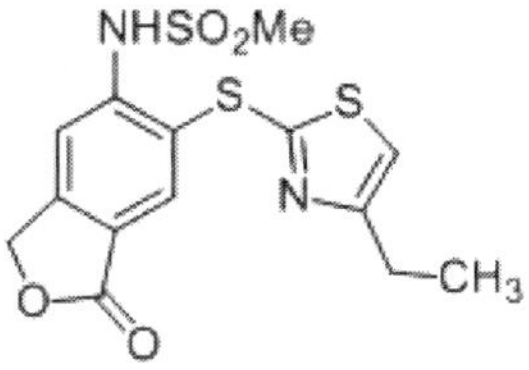

(75)

그림 75 저해제-75[90]의 원자명 표기

표 87 저해제-75와 근접한 COX-2 원자

리간드 원자	COX-2 잔기	COX-2 원자	거리(Å)	리간드 원자	COX-2 잔기	COX-2 원자	거리(Å)
C01	VAL523	CG1	3.5	O03	VAL349	CG1	3.4
O02	HIS90	CD2	3.9		SER353	CB	3.3
	SER353	O	3.8		TYR355	CE2	3.4
		CA	3.8	C09	VAL349	CG1	3.8
	TYR355	OH	3.8		LEU531	CD1	3.7
	VAL523	CG1	3.6	S01	VAL349	CG1	3.7
		CG2	3.8		ALA527	CA	3.8
C04	LEU352	CD2	3.8	C10	SER530	CB	3.8
		CB	3.9			OG	3.8
O04	LEU352	O	3.0	N02	GLY526	C	3.5
		C	3.8			O	3.7
	SER353	CA	3.8		ALA527	N	3.7
	VAL523	CG2	3.9			CA	3.9
C05	LEU352	CB	3.6	C13	TYR385	OH	3.1
		CG	3.7			CZ	3.5
C06	SER353	CA	3.7			CE2	3.6
C07	TYR355	OH	3.0		TRP387	CH2	3.7
		CZ	3.6	S03	VAL349	CG2	3.6
	VAL523	CG1	3.2		LEU352	CD2	3.8
C08	LEU352	O	3.6		TYR385	OH	3.9
	SER353	CA	3.5		SER530	OG	3.5
	VAL523	CG2	3.7	C11	LEU384	CD1	3.7
N01	ALA527	CB	3.4		TRP387	CZ2	3.6
H08	ALA527	CB	2.4		GLY526	CA	3.4
		CA	3.4			C	3.9
S02	TYR355	CE2	3.8	C14	LEU384	CD1	3.9
O01	ARG120	NH1	3.4		TRP387	CZ2	3.6
	TYR355	CE2	3.2		MET522	O	3.4
		OH	3.4			CG	3.6
		CZ	3.7		GLY526	CA	3.7

90 N-(6-((4-ethylthiazol-2-yl)thio)-1-oxo-1,3-dihydroisobenzofuran-5-yl)methanesulfonamide, 잠재적 conformer의 COX-2에 대한 K_D = 1.16 μM

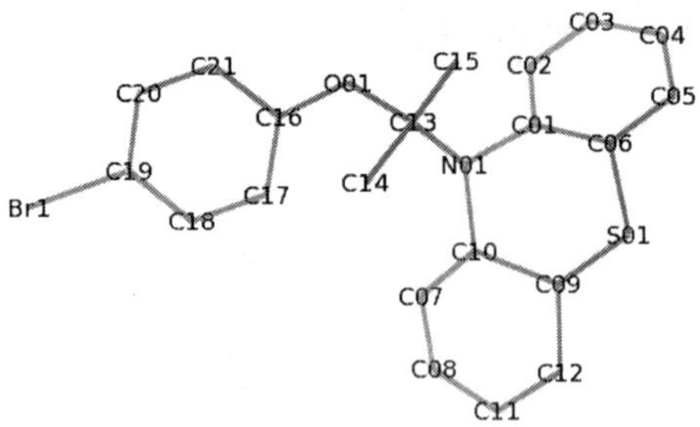

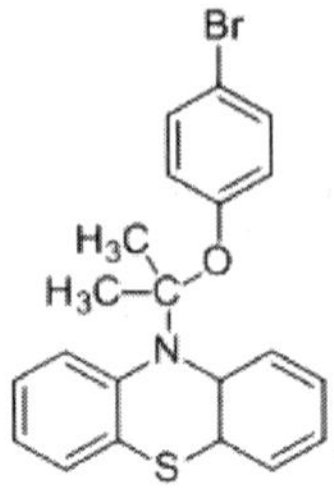

(76)

그림 76 저해제-76[91]의 원자명 표기

표 88 저해제-76과 근접한 COX-2 원자

리간드 원자	COX-2 잔기	COX-2 원자	거리(Å)	리간드 원자	COX-2 잔기	COX-2 원자	거리(Å)
C01	VAL349	CG1	3.2	C14	VAL523	CB	3.7
N01	VAL349	CG1	3.6			O	3.7
S01	ALA527	CA	3.3		ALA527	CB	3.7
		CB	3.4	C15	ARG120	NH1	3.5
		O	3.5			NH2	3.6
	LEU531	CG	3.6		TYR355	OH	3.4
		CD1	3.7		VAL523	CG1	3.7
C02	VAL349	CG1	3.4		ALA527	CB	3.4
	SER353	CB	3.7	O01	TYR355	OH	3.0
	TYR355	CE2	3.4			CZ	3.5
C03	TYR355	CE2	3.5		VAL523	CG1	3.7
	LEU359	CD1	3.3	C16	SER353	CA	3.5
		CD2	3.4		VAL523	CG1	3.6
C04	VAL116	CG2	3.7	C17	SER353	CA	3.6
	LEU359	CD2	3.6	C18	LEU352	O	3.3
C05	LEU531	CD1	3.2		PHE518	CD2	3.6
		CD2	3.6	C19	LEU352	O	3.5
		CG	3.7		VAL523	CG2	3.5
C06	VAL349	CG1	3.6	C20	HIS90	NE2	3.4
C07	VAL349	CG1	3.7			CD2	3.7
C08	LEU352	CD2	2.9		SER353	O	3.7
C09	VAL349	CG1	3.2		VAL523	CG2	3.6
		CG2	3.5	Br1	GLN192	OE1	3.4
C10	VAL349	CG1	3.6		ALA516	CB	3.4
C11	VAL349	CG2	3.7		ILE517	CG2	3.7
C12	VAL349	CG2	3.4		PHE518	N	3.4
	SER530	OG	3.0			CB	3.7
		CB	3.3	C21	HIS90	CD2	3.6
C13	VAL523	CG1	3.7			NE2	3.7
C14	VAL523	CG1	2.7		SER353	O	3.6

91 10-(2-(4-bromophenoxy)propan-2-yl)-4a,10a-dihydro-10H-phenothiazine, 잠재적 conformer의 COX-2에 대한 k_D = 1.37 μM

4. 기존 NSAID의 변형체

4.1 일반적 특성

기존의 비특이적 COX 저해제의 구조적 변형을 통해 COX-2 선택적 저해제로의 전환은 제한된 범위에서 성과를 올리고 있다. Indomethacin의 경우 (1) 4-chlorobenzoyl 그룹의 추가적인 할로겐 추가, (2) 3-alkanoic acid 그룹의 사슬길이 증가, (3) carboxylic acid 그룹을 ester, amide, reverse ester/amide, iminoxy 또는 치환된 thiazole로 전환을 통해 COX-2에 대한 선택성의 증가를 가져올 수 있다. Flurbiprofen에서는 4-phenyl 고리에 입체적 제한을 도입하는 경우 COX-1는 에 대한 저해능 상실로 COX-2 선택성이 증가한다. Diclofenac에 위치한 carboxylic acid의 iminoxy 유사체는 COX-2에 대한 저해 증가를 보인다. COX-2 활성부위가 상대적으로 bulky한 특성을 활용하여 aryl acetic acid 고리에 *meta-alkyl*기를 치환하거나 dichlorophenyl 고리의 Cl을 F로 교환하여 유사한 효과를 기대할 수 있다. Meloxicam은 piroxicam의 pyridine 고리를 5-methylthiazoyl기로 치환한 저해제로 COX-2에 대한 선택성의 현저한 증가[92]를 보인다.

4.2 결정구조상의 결합 특이성

Naproxen은 비선택적 NSAID로 분류되며, 두 COX isozyme에 대해 유사한 저해능을 보인다. 일부 COX-2 특이적 diaryl-헤테로고리 화합물에서 나타나는 심혈관 부작용이 미미한 naproxen은 위장 부작용에도 불구하고 1976년 Naprosyn으로 소개된 이후 지속적으로 사용되고 있다. 두 COX isozyme에 대한 naproxen의 저해패턴은 차이를 보이며, COX-2에 대해 효소-저해제 복합체의 구조적 변화를 동반하는 혼합형 저해인데 반해, COX-1에 대해서는 일부 실험결과에서 시간-의존적 요소가 관찰되고 있다.

Arylcarboxylic acid 화합물이 COX 활성부위에 결합하는 모드는 carboxyl group의 배향에 따라 두 가지로 구분된다. Flurbiprofen으로 대표되는 배향은 활성부위 내의 긴축부위 잔기 Arg120 및 Tyr355와 이온결합 및 수소결합을 형성한다. 대조적으로 diclofenac에서 보여지는 반전배향으로 carboxyl 기가 활성부위 상단에 위치한 Tyr385 및 Ser530의 수산기와 수소결합을 형성한다. Naproxen은 비교적 단순한 구조로 naphthyl 골격의 양 말단에 작용기가 위치한다[72]. 결정구조에서 관찰되는 naproxen의 결합은 단일배향으로 COX의 측면포켓이나 로비지역과의 접촉은 존재하지 않는다. Naproxen의 carboxyl 기는 Arg120과 2.8 Å, Tyr355와 2.5 Å 떨어져 수소결합에 참여한다. 이웃한 α-methyl기는 Val349 근처의 소수성 틈에 삽입되

[92] Meloxicam IC_{50} (COX-2) = 0.49 μM, IC_{50} (COX-1) = 37 μM, piroxicam IC_{50} (COX-2) = 0.5 μM, IC_{50} (COX-1) = 0.4 μM

어 있다. 몸통인 naphthyl 그룹은 Ala527, Gly526, Leu352와의 소수성 상호작용에 관여한다. Leu352의 곁사슬은 flurbiprofen, indomethacin, 그리고 diclofenac과 결합한 COX-2의 결정 구조와는 다른 배향을 보여준다. 반대편에 위치한 p-methoxy 그룹은 활성부위의 천정 쪽을 향하며, Trp387 및 Tyr385과 van der Waals 상호작용을 형성한다.

Flurbiprofen는 mCOX-2와 결합에서 Arg120의 guanidinium 그룹과 염다리를 형성하며, oCOX-1의 경우 Arg120Gln 치환이 flurbiprofen의 IC_{50} 값을 1000배 상승시키는 결과를 가져온다. 이는 flurbiprofen의 carboxyl 그룹과 Arg120 사이의 이온결합의 중요성을 보여주는 증거이지만, naproxen에서는 두 그룹이 수소결합 거리이며, flurbiprofen과 비교할 때 상대적으로 중요도가 덜하다. Naproxen의 α-methyl 그룹은 COX-2와 상호작용에서 입체화학적 중요성을 보여준다. 이 그룹은 COX-2와 naproxen의 결합을 강화시키며, 다른 2-arylpropionic acid의 methyl 그룹과 diaryl 헤테로고리 화합물에서의 trifluoromethyl 그룹의 결합모드와 유사하다. Diclofenac은 반전배향의 다른 결합형태지만 aniline고리의 염소원자는 naproxen의 α-methyl 그룹과 동일하게 Val349 상단에 위치한 소수성 틈에 위치한다. Naproxen의 p-methoxy 그룹은 Trp387 두 곁사슬 탄소와 van der Waals 접촉 거리에 위치한다[93]. Trp387은 Tyr385의 이웃잔기로 기질인 아라키돈산의 적정 위치화에 기여한다. Diclofenac과 indomethacin은 Trp387의 곁사슬 탄소와 단일접촉을 이루고 있으며 flurbiprofen은 두 곁사슬 탄소와 가까이 위치한다. 이에 대응하는 자리에 위치한 p-methoxy 그룹의 산소는 Trp387의 곁사슬과 van der Waals 접촉거리에 놓인 유일한 원자이며, 황으로 치환된 p-methylthio 유도체에서는 COX-2 선택성의 증가가 관찰된다. 이 유도체와 mCOX-2 의 결정구조에서는 naproxen 경우와 대부분 유사한 결합모습을 보이지만 다른점은 COX-2 활성부위 상단에 위치한 Trp387 및 Tyr385와 추가적인 소수성 접촉이다. Naphthyl 몸통과 Val523의 소수성 접촉은 isozyme 특이적이다. COX-1의 경우 동일위치에 Leu532 존재로 입체적 장애를 경험할 것으로 예측되어 결합약화를 유발하고 이는 COX-2 선택성의 인자일 가능성이 높다.

Oxicam은 구조적으로 전통적인 NSAID와 구별된다. 벤젠고리에 thiazine dioxide가 융합된 이중고리에 확장된 carboxamide 치환기가 존재한다. Oxicam의 골격은 상당한 유연성을 보이며 keto형과 enol형의 평형을 통해 다양한 tautomer가 가능하다. Oxicam 계열에 속하는 isoxicam은 mCOX-2와 결합하는 경우 COX 활성부위의 helix6과 helix17 사이에 편형구조로 존재하며, 내부적으로 benzothiazine의 4-hydroxyl기와 carboxamide의 질소가 수소결합을 형성한다[73]. Isoxicam의 대부분 원자는 소수성 잔기로 둘러싸인 COX 활성부위와 van der Waals 상호작용 거리에 놓여 있으며 유일한 극성결합은 benzothiazine 고리의 4-수산기와 Ser530 곁사슬 사이의 수소결합이다. Sulfonyl dioxide기는 긴축부위에서 위쪽으로 3Å 떨어져 있으

[93] CZ2 (3.4 Å), CH_2 (3.6 Å)

며 COX-2 활성부위 잔기와 별다른 상호작용이 관찰되지 않는다. Dioxide 산소 중에 하나는 Ala527의 골격산소와 3.5 Å 떨어져 약한 수소결합을 형성하며 다른 산소는 Val116의 곁사슬과 3.1 Å 거리에 위치해 입체적 방해가 예상된다. 이런 불안정으로 인해 thiazinc고리구조는 황과 질소가 고리평면에서 반대편으로 벗어나는 비틀린 봉투 모습을 보여준다. 2-Methyl 치환기는 Tyr366, Val349, Leu359로 구성된 포켓을 향하고 있으며, carboxamide 그룹은 Leu384, Tyr385, Trp387, Phe518, Met522, Val523으로 구성된 소수성 포켓에 삽입되어 있다. Val116 곁사슬이 경험하는 입체적 장해는 helixD의 위치를 약 1 Å 이동시켜 benzothiazine의 벤젠고리 자리화를 돕는다. HelixA-D로 구성된 막결합도메인의 리간드 결합에 따른 유연성은 기질과의 결합에서도 관찰된다. Helix17에 위치한 Leu531의 곁사슬은 다른 rotamer 형태로 γ-탄소가 활성부위로부터 이량체 인터페이스 쪽으로 3.5 Å 이동한다. 이러한 위치이동은 새로운 소수성포켓[94]의 노출로 이어져 isoxicam의 벤젠고리를 수용하게 된다. COX-2 활성부위에는 isoxicam 및 주요잔기 곁사슬 양쪽과 수소결합을 하는 구조적 물 분자가 존재한다. 첫 번째 물 분자는 긴축부위에 위치하며 Tyr355의 산소와 Arg120의 guanidino 질소에서 3.0 Å 떨어져 있으며 isoxicam의 carboxamide 산소와 thiazine 질소에서 수소결합 거리상에 있다. 두 번째 물 분자는 활성부위 천정에 위치해 Tyr385, Ser530, isoxazole 고리의 질소 사이에 존재한다.

Meloxicam은 isoxicam의 isoxazole 고리가 thiazole 고리로 치환되어 있으며 약한 COX-2 선택성을 보인다. COX-2와의 결합구조에서 meloxicam은 isoxicam과 마찬가지로 Ser530과 수소결합, Tyr385/Ser530 및 Arg120/Tyr355을 공동 파트너로 하는 두 규칙적 물 분자와의 수소결합, Leu531 곁사슬의 이동으로 발생하는 새로운 소수성 포켓이 관찰된다. COX-1-meloxicam 결합구조와의 비교에서 Val434(COX-2)/Ile(COX-1) 차이가 COX-2 선택성에 관여하는 것으로 보여진다. COX-1 Ile434의 추가적인 methylene group의 존재는 이웃하는 Phe518의 곁사슬을 COX 활성부위 쪽으로 밀어 넣는 결과를 가져온다. 이로 인해 meloxicam의 thiazole 고리가 차지하는 공간은 축소되며 meloxicam의 4'-methyl group과 Phe518 사이의 입체적 충돌은 meloxicam과 COX-1의 결합을 약화시킨다. COX-1과 COX-2 사이에 Phe518 배향의 차이는 COX-2 특이적 저해제인 SC-558와의 결합에서도 보여진다. Phenylsulfonamide 그룹이 측면포켓에 삽입되기 위해 Phe518과 Val523 곁사슬의 이동이 동반된다.

Benzopyran 고리를 갖는 저해제는 입체이성체에 따라 COX-2와의 결정구조에서 확연한 차이를 보인다. (S)-입체이성체의 경우 카복실기가 Tyr355와 Ser530과 결합하는 전통적인 NSAID와 반대되는 역모드를 취한다. 이와 같은 배향은 diclofenac와 아라키돈산이 monomer-A에 결합하는 모습과 유사하다. 8-Cl는 측면포켓을 향하고 있으며, trifluoromethyl 그룹은 Tyr385, Trp387, Phe518 틈에 놓여 있다. COX-2 선택성에 대한 측면포켓과의 직접적인

[94] Met-113, Val-116, Leu-117, Ile-345, Val-349, Leu-531, Leu-534, 그리고 Met-535

상호작용의 중요성은 다른 저해제에 비해 상대적으로 약하다.

7-Alkoxy 그룹으로 치환된 (R)-입체이성체에서는 전통적인 NSAID와 같은 결합형태를 보인다. Tyr355와 2.5Å 떨어져 수소결합을 이루며 Arg120과는 3.0 Å 거리로 이온결합을 형성한다. 연결각도는 차이가 있지만, celecoxib와 유사하게 trifluoromethyl 그룹이 Leu351/ Phe367과 van der Waals 상호작용을 이룬다. 7-Alkoxy 그룹은 COX 활성부위의 천장으로 뻗어 있으며 이 공간은 (S)-입체이성체에서의 trifluoromethyl 그룹이 차지하는 공간과 일치한다.

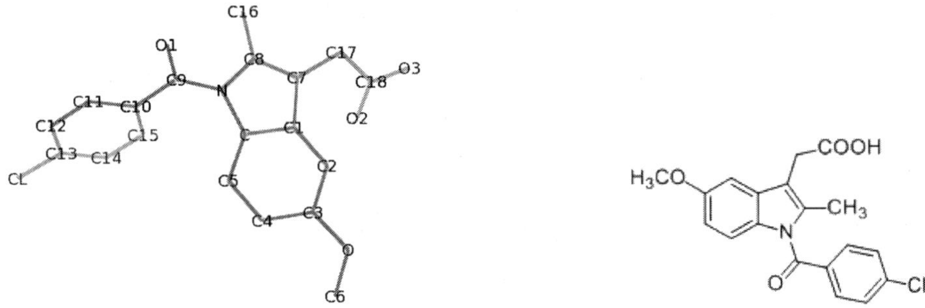

(77)

그림 77 저해제-77[95]의 원자명 표기

표 89 저해제-77과 근접한 COX-2 원자

리간드 원자	COX-2 잔기	COX-2 원자	거리(Å)	리간드 원자	COX-2 잔기	COX-2 원자	거리(Å)
N	VAL349	CG1	3.8	C4	VAL523	CG2	3.4
O	SER353	CA	3.1	C6	LEU352	O	3.2
		O	3.5		SER353	O	3.3
		CB	3.6			CA	3.4
		C	3.8			C	3.7
	TYR355	OH	3.3		VAL523	CG2	3.8
		CE1	3.5	C7	VAL349	CG1	3.7
		CZ	3.6	C8	VAL349	CG1	3.4
CL	LEU384	CB	3.6		ALA527	CB	3.6
O1	VAL349	CG2	2.7	C11	TYR385	OH	3.8
		CG1	3.6	C12	TYR385	CZ	3.6
		CB	3.7			CE2	3.6
	SER530	OG	3.6			OH	3.8
C2	SER353	CB	3.4		TRP387	CZ2	3.7
		CA	3.8	C13	GLY526	CA	3.8
	TYR355	OH	3.2	C14	MET522	O	3.4
		CZ	3.6		GLY526	CA	3.2
O2	ARG120	NH1	2.4			C	3.4
		CZ	3.4		ALA527	N	3.4
		NH2	3.6	C15	GLY526	C	3.6
	TYR355	OH	3.1		ALA527	N	3.2
		CE2	3.8			CA	3.6
C3	SER353	CA	3.3	C16	VAL349	CG1	3.6
		CB	3.6		ALA527	CB	3.8
	TYR355	OH	3.7		LEU531	CG	3.5
	VAL523	CG2	3.7			CD2	3.7
		CG1	3.8	C17	ARG120	NH1	3.5
O3	ARG120	NH1	3.0	C18	ARG120	NH1	2.7
	TYR355	CE2	3.4		TYR355	CE2	3.6
C4	LEU352	O	3.6			OH	3.7

95 2-(1-(4-chlorobenzoyl)-5-methoxy-2-methyl-1H-indol-3-yl)acetic acid (indomethacin)

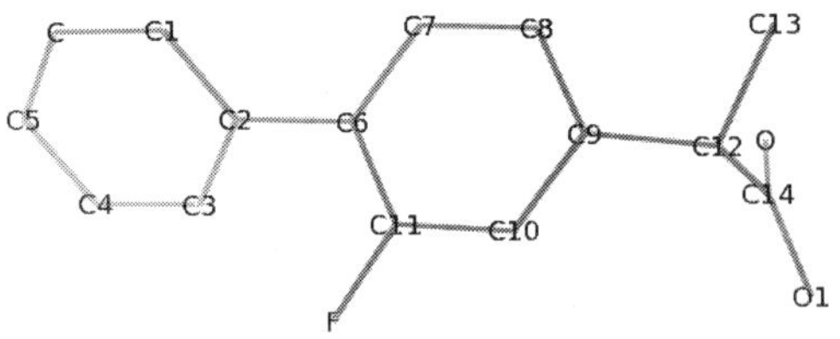

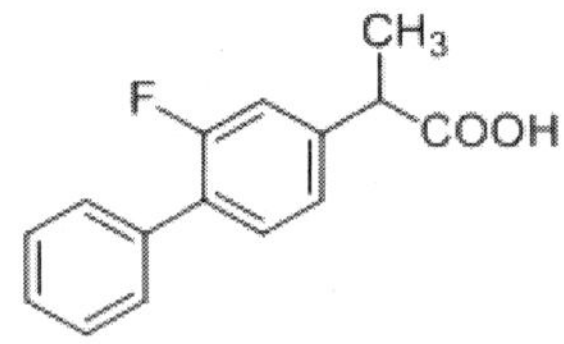

(78)

그림 78 저해제-78[96]의 원자명 표기

표 90 저해제-78과 근접한 COX-2 원자

리간드 원자	COX-2 잔기	COX-2 원자	거리(Å)	리간드 원자	COX-2 잔기	COX-2 원자	거리(Å)
C	TYR385	OH	3.4	C4	MET522	O	3.9
		CE2	3.6		GLY526	CA	3.6
		CZ	3.7			C	3.7
	SER530	OG	3.7		ALA527	N	4.0
		CB	3.8	C5	TYR385	CE2	3.6
O	VAL116	CG2	3.8			CZ	3.9
	ARG120	NH1	3.1		TRP387	CZ2	3.6
		CD	3.1			CH2	3.9
		CG	3.6	C6	ALA527	CA	3.6
		NE	3.9			CB	3.8
		CZ	3.9	C7	VAL349	CG1	3.7
	ALA527	CB	3.9		ALA527	CA	3.6
	LEU531	CD1	3.7			CB	3.9
C1	LEU352	CD2	3.9	C8	VAL349	CG1	3.3
	SER530	OG	3.5		LEU531	CG	3.9
		CB	3.5	C9	VAL349	CG1	3.5
O1	ARG120	NH1	3.0	C11	ALA527	CB	3.9
	TYR355	CE2	2.9	C12	TYR355	CE2	3.7
		OH	3.1	C13	VAL116	CG2	4.0
		CZ	3.5		VAL349	CG1	3.8
C2	ALA527	CA	3.8		LEU359	CD1	3.4
		N	3.9			CD2	3.9
C3	GLY526	C	3.5	C14	ARG120	NH1	3.4
		CA	4.0		TYR355	CE2	3.7
		O	4.0	F	VAL523	CG1	3.7
	ALA527	N	3.4			CG2	3.9
		CA	3.8				

[96] 2-(2-fluoro-[1,1'-biphenyl]-4-yl)propanoic acid (flurbiprofen)

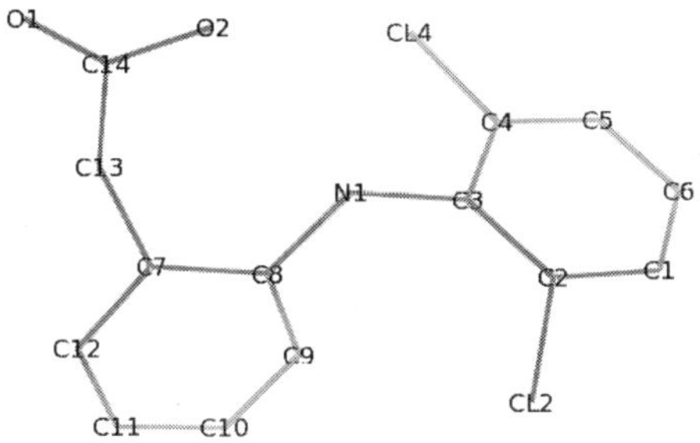

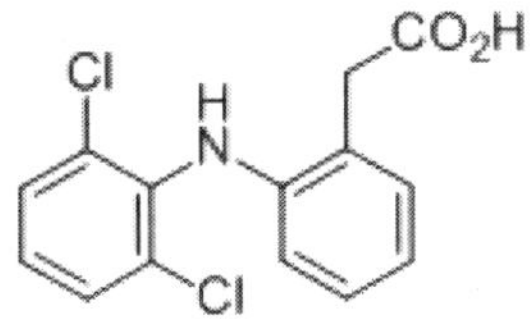

(79)

그림 79 저해제-79[97]의 원자명 표기

표 91 저해제-79와 근접한 COX-2 원자

리간드 원자	COX-2 잔기	COX-2 원자	거리(Å)	리간드 원자	COX-2 잔기	COX-2 원자	거리(Å)
C	TYR385	OH	3.4	C4	MET522	O	3.9
		CG2	3.9			CA	3.9
CL4	ALA527	CA	3.9	C10	MET522	O	3.3
		O	3.9		GLY526	CA	3.1
	SER530	OG	3.2			C	3.4
		CB	3.3			N	3.9
O1	TYR385	OH	2.7			O	4.0
		CZ	3.6		ALA527	N	3.6
		CE1	3.7	C11	LEU384	CD1	3.8
	SER530	OG	2.9		TRP387	CZ2	3.8
		CB	3.9		MET522	O	3.9
C2	VAL349	CG1	3.9		GLY526	CA	3.6
		CG2	3.3	C12	TYR385	CE1	3.6
	SER530	OG	2.7			CZ	3.8
		CB	3.5			OH	3.9
C3	VAL349	CG1	3.6		TRP387	CZ2	3.4
C4	VAL349	CG1	3.6			CH2	3.4
	ALA527	CB	3.8	C13	TYR348	CE2	3.7
		CA	3.8		LEU352	CD2	3.5
C5	VAL349	CG1	4.0		TYR385	OH	2.9
	ALA527	CB	3.6			CZ	3.7
C6	ALA527	CB	3.9		TRP387	CH2	4.0
C7	LEU352	CD2	3.8	C14	TYR348	CE2	3.9
	TYR385	OH	3.9		TYR385	OH	3.1
	TRP387	CH2	4.0		SER530	OG	3.1
C9	GLY526	C	3.6			CB	3.9
		CA	3.9				

[97] 2-(2-((2,6-dichlorophenyl)amino)phenyl)acetic acid (diclofenac)

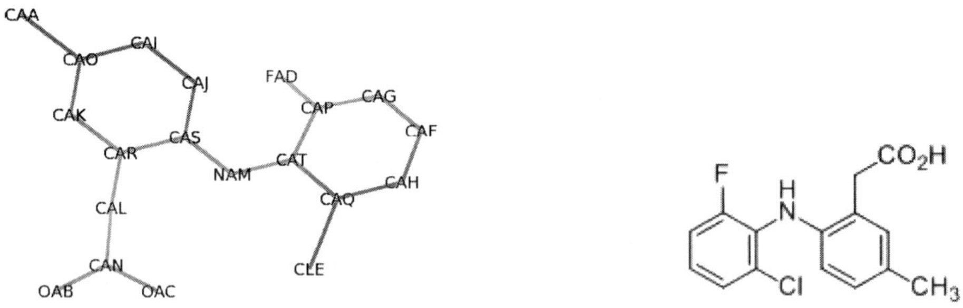

(80)

그림 80 저해제-80[98]의 원자명 표기

표 92 저해제-80과 근접한 COX-2 원자

리간드 원자	COX-2 잔기	COX-2 원자	거리(Å)	리간드 원자	COX-2 잔기	COX-2 원자	거리(Å)
CAA	LEU384	CB	4.0		TYR385	OH	3.3
	TRP387	CZ2	3.8		SER530	OG	3.4
	MET522	SD	3.6			CB	3.8
	GLY526	CA	3.9	CAO	TRP387	CZ2	3.8
CAF	SER353	CB	4.0		GLY526	CA	3.9
	TYR355	OH	3.7	CAQ	VAL349	CG1	3.4
CAG	SER353	CB	3.7		ALA527	CB	3.5
		CA	3.9			CA	3.9
	VAL523	CG1	3.6	CAR	LEU352	CD2	3.8
CAH	VAL349	CG1	3.8	CAT	VAL349	CG1	3.7
	ALA527	CB	3.5	OAB	TYR348	CE2	3.8
CAI	MET522	O	3.5		TYR385	OH	2.7
	GLY526	CA	3.4			CE2	3.5
		C	3.6			CZ	3.5
	ALA527	N	3.6		SER530	OG	3.5
CAJ	GLY526	C	3.9			CB	3.9
	ALA527	N	3.5	OAC	VAL349	CG2	3.3
		CA	3.9		SER530	OG	2.4
CAK	TYR385	CE2	3.7			CB	3.1
		CZ	3.9	CLE	VAL349	CG1	3.7
		OH	4.0		ALA527	CA	3.7
	TRP387	CZ2	3.4			CB	3.8
		CH2	3.8			O	3.9
CAL	TYR348	CE2	3.7		SER530	OG	3.6
	LEU352	CD2	3.6			CB	3.8
	TYR385	OH	3.1		LEU531	CG	3.9
		CZ	3.9	FAD	LEU352	CG	3.6
CAN	TYR348	CE2	3.8			CD2	3.6

[98] 2-(2-((2-chloro-6-fluorophenyl)amino)-5-methylphenyl)acetic acid (lumiracoxib)

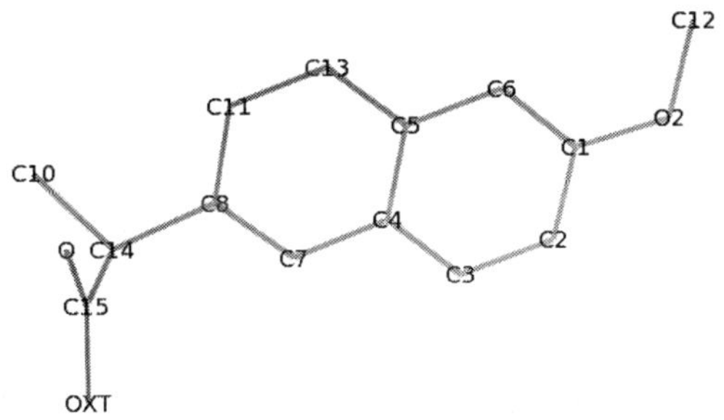

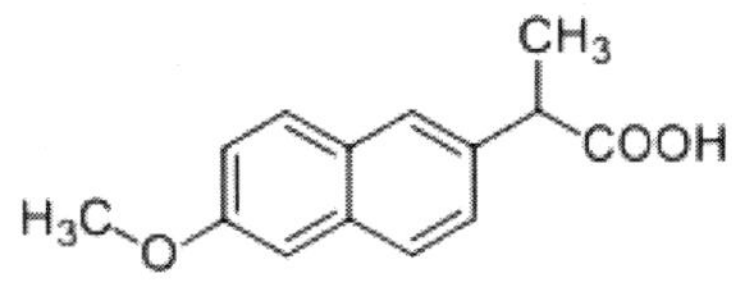

(81)

그림 81 저해제-81[99]의 원자명 표기

표 93 저해제-81과 근접한 COX-2 원자

리간드 원자	COX-2 잔기	COX-2 원자	거리(Å)	리간드 원자	COX-2 잔기	COX-2 원자	거리(Å)
O	VAL116	CG1	3.9		ALA527	N	3.8
	ARG120	NE	2.9			CA	4.0
		NH2	3.6	C7	ALA527	CB	3.9
		CZ	3.7		VAL349	CG1	3.9
		CG	3.8		ALA527	CB	3.8
		CD	3.8	C10	VAL349	CG1	3.7
	ALA527	CB	3.4		TYR355	CE2	3.8
	LEU531	CD1	3.7		LEU359	CD1	3.9
OXT	ARG120	NH2	2.8	C11	VAL349	CG1	3.5
		NE	3.6		ALA527	CB	3.6
		CZ	3.6			CA	4.0
	TYR355	OH	2.5	C12	TYR385	CE1	3.6
		CZ	3.3			CZ	3.8
		CE2	3.4			OH	3.9
C1	LEU352	CD1	4.0		TRP387	CZ2	3.8
C2	LEU352	CD1	3.5			CH2	3.9
O2	TRP387	CZ2	3.4		GLY526	CA	3.9
		CH2	3.6	C13	VAL349	CG1	3.9
	GLY526	CA	3.9		ALA527	CA	3.5
C3	LEU352	CD1	3.3			CB	3.7
	VAL523	CG1	3.9		SER530	OG	4.0
		CA	4.0	C14	TYR355	CE2	3.5
C4	LEU352	CD1	3.5			OH	3.7
	ALA527	CB	3.9			CZ	4.0
C5	LEU352	CD1	3.9	C15	ARG120	NH2	3.5
	ALA527	CA	3.6			NE	3.6
		CB	3.8		TYR355	OH	3.4
		N	3.9			CE2	3.7
C6	GLY526	C	3.7		ALA527	CB	3.9
		O	3.9				

99 2-(6-methoxynaphthalen-2-yl)propanoic acid (naproxen)

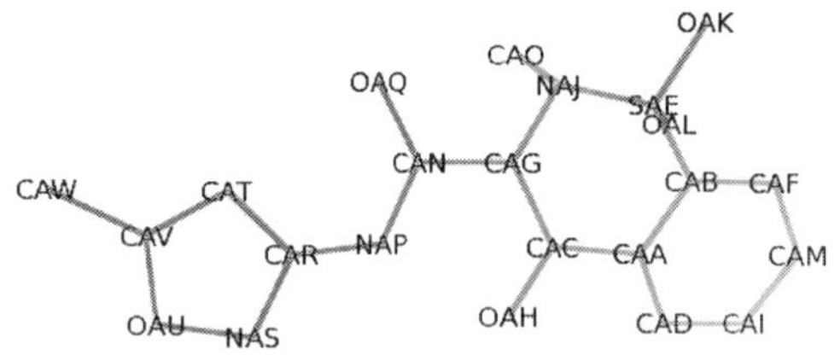

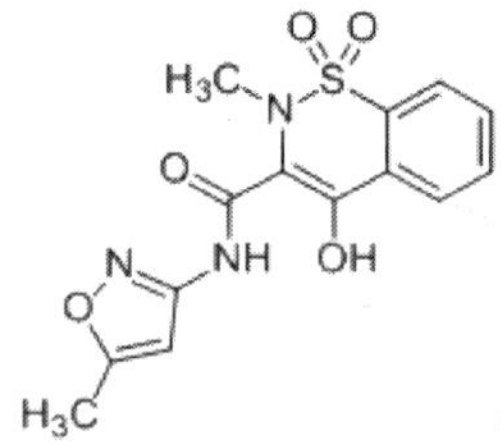

(82)

그림 82 저해제-82[100]의 원자명 표기

표 94 저해제-82와 근접한 COX-2 원자

리간드 원자	COX-2 잔기	COX-2 원자	거리(Å)	리간드 원자	COX-2 잔기	COX-2 원자	거리(Å)
CAC	VAL349	CG1	3.7	CAW	PHE518	CE2	3.6
	SER530	OG	3.9		MET522	O	4.0
CAD	LEU534	CD1	3.8		VAL523	CA	4.0
CAF	MET113	CE	3.9	NAP	VAL349	CG1	3.9
	LEU117	CD2	4.0		ALA527	CA	3.5
	LEU531	CD1	3.7			CB	3.9
CAG	VAL349	CG1	3.7		SER530	CB	4.0
	ALA527	CB	3.7			OG	4.0
		CA	3.9	NAS	SER530	CB	3.9
CAI	ILE345	CD1	3.6	OAH	VAL349	CG2	3.7
		CG1	3.6			CG1	3.7
	LEU531	CD1	3.7		SER530	OG	2.8
CAM	MET113	CE	3.8			CB	3.3
	LEU117	CD2	3.7	OAK	VAL116	CG1	3.1
	LEU531	CD1	3.3		ARG120	CG	3.5
CAN	VAL349	CG1	3.7	OAL	ARG120	CG	3.4
	ALA527	CB	3.3			CD	3.8
		CA	3.5			CB	3.8
CAO	VAL349	CG1	3.5			NE	3.9
	TYR355	CE2	4.0		ALA527	CB	3.5
	LEU359	CD1	3.9			O	3.5
CAR	ALA527	CA	3.8			C	3.7
		N	4.0			CA	3.9
CAT	LEU352	CD1	3.4	OAQ	ALA527	CB	3.2
CAV	LEU352	CD1	3.4			CA	3.8
CAW	LEU352	CD1	3.7	OAU	LEU352	CD1	4.0
	PHE518	CD2	3.6		TRP387	CH2	4.0

[100] 4-hydroxy-2-methyl-N-(5-methylisoxazol-3-yl)-2H-benzo[e][1,2]thiazine-3-carboxamide 1,1-dioxide (isoxicam)

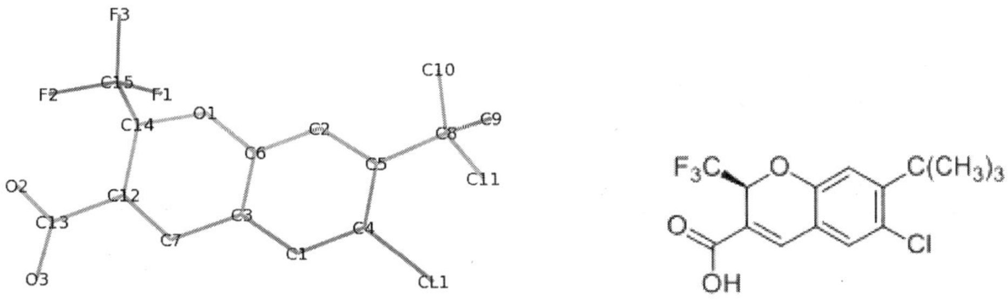

(83)

그림 83 저해제-83[101]의 원자명 표기

표 95 저해제-83과 근접한 COX-2 원자

리간드 원자	COX-2 잔기	COX-2 원자	거리(Å)	리간드 원자	COX-2 잔기	COX-2 원자	거리(Å)
CL1	ALA527	CB	3.9	C7	VAL349	CG2	3.5
	LEU531	CD1	3.9		SER530	CB	3.9
C1	VAL349	CG1	3.8	C9	ARG120	NH1	3.3
	ALA527	CB	3.5			CZ	3.5
		CA	3.8			NH2	3.8
O1	LEU352	CD2	3.9	C10	TYR355	OH	3.6
C2	VAL349	CG1	3.8			CZ	4.0
O2	TYR348	CE1	3.7	C11	TYR355	CE2	4.0
	TYR385	OH	2.9	C12	VAL349	CG2	3.8
		CE2	3.5	C13	TYR385	OH	4.0
		CZ	3.6		SER530	OG	3.8
	TRP387	CH2	4.0	C14	LEU352	CD2	3.9
C3	VAL349	CG1	3.7	F1	VAL523	O	3.6
		CG2	3.8		GLY526	C	3.2
	ALA527	CB	3.9			CA	3.5
		CA	4.0			O	3.8
O3	SER530	OG	2.6		ALA527	N	2.9
		CB	3.1			CA	3.3
C4	VAL349	CG1	3.9			CB	3.7
	ALA527	CB	3.4	F2	GLY526	CA	3.7
C5	VAL349	CG1	3.9			C	3.9
	ALA527	CB	3.8		VAL523	CA	4.0
C6	VAL349	CG1	3.6				

[101] (S)-7-(tert-butyl)-6-chloro-2-(trifluoromethyl)-2H-chromene-3-carboxylic acid

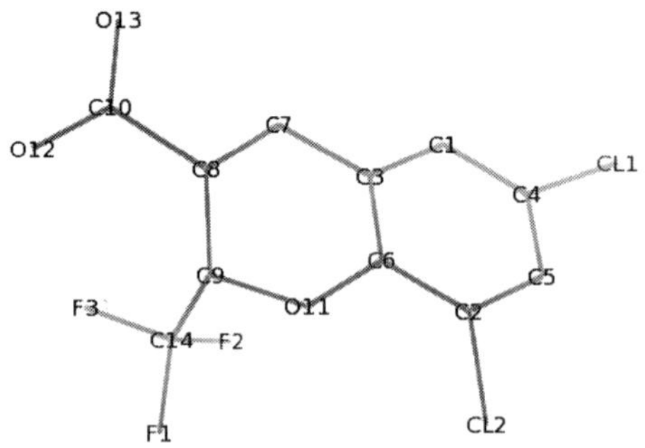

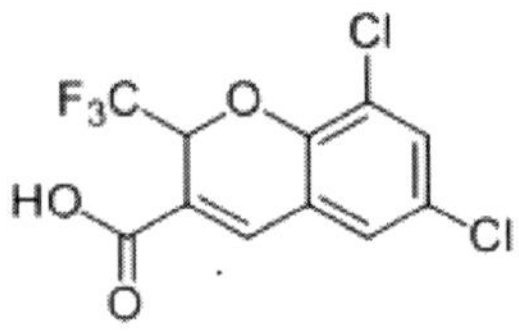
(84)

그림 84 저해제-84[102]의 원자명 표기

표 96 저해제-84와 근접한 COX-2 원자

리간드 원자	COX-2 잔기	COX-2 원자	거리(Å)	리간드 원자	COX-2 잔기	COX-2 원자	거리(Å)
CL1	ARG120	NH1	3.8	O12	TYR348	CE2	3.9
	LEU531	CD1	3.8		LEU352	CD2	4.0
CL2	SER353	CA	3.5		TYR385	OH	2.5
		CB	3.9			CZ	3.3
		N	3.9			CE2	3.3
	VAL523	CG1	3.6		TRP387	CH2	3.5
C1	VAL349	CG1	3.5	O13	VAL349	CG2	3.7
	ALA527	CB	3.6		TYR385	OH	3.8
		CA	3.7		SER530	OG	2.5
C2	VAL523	CG1	4.0			CB	3.2
C3	VAL349	CG1	3.5	F1	PHE518	CE2	3.5
	ALA527	CA	3.9			CD2	3.7
C4	VAL349	CG1	3.8		MET522	O	3.9
	ALA527	CB	3.6		VAL523	CA	3.9
C5	TYR355	OH	3.7	F2	MET522	O	3.9
C6	VAL349	CG1	3.8		VAL523	O	3.5
C7	VAL349	CG2	3.6			CA	3.7
		CG1	4.0		GLY526	C	3.2
	SER530	OG	3.6			CA	3.5
		CB	3.8			O	3.9
C8	VAL349	CG2	4.0		ALA527	N	3.0
C9	LEU352	CD2	3.9			CA	3.6
C10	TYR385	OH	3.5	F3	TRP387	CZ2	4.0
	SER530	OG	3.6		GLY526	CA	3.7
		CB	3.9			C	3.9

[102] 6,8-dichloro-2-(trifluoromethyl)-2H-chromene-3-carboxylic acid

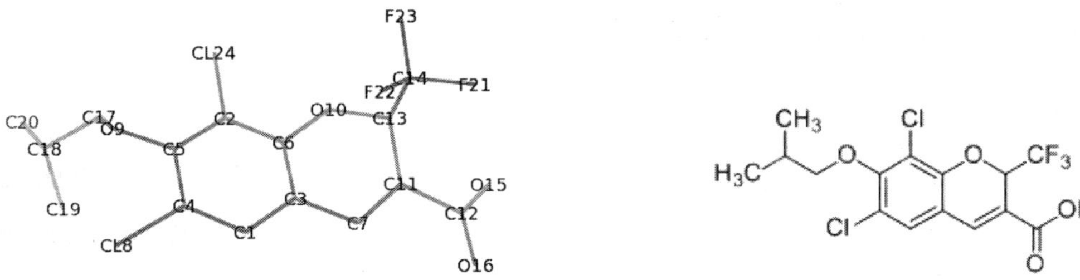

(85)

그림 85 저해제-85[103]의 원자명 표기

표 97 저해제-85와 근접한 COX-2 원자

리간드 원자	COX-2 잔기	COX-2 원자	거리(Å)
CL24	VAL349	CG1	3.5
		CG2	3.6
	ALA527	CA	4.0
	SER530	OG	3.5
		CB	3.8
CL8	LEU352	O	3.9
		CG	3.9
		C	3.9
	PHE518	CD2	4.0
C1	VAL523	CG1	3.5
C2	VAL349	CG1	3.6
	ALA527	CB	3.8
C3	VAL523	CG1	4.0
	ALA527	CB	3.8
C5	VAL349	CG1	4.0
C6	ALA527	CB	3.4
C7	TYR355	OH	3.3
		CE2	3.7
		CZ	3.8
	VAL523	CG1	3.9
O10	ALA527	CB	3.3
	LEU531	CD1	3.4
C11	TYR355	CE2	3.8
		OH	3.9
C12	ARG120	NH1	3.4
		CZ	3.4
		NH2	3.7
		NE	3.9
	TYR355	OH	3.5
		CE2	3.8

리간드 원자	COX-2 잔기	COX-2 원자	거리(Å)
C13	LEU531	CD1	3.7
C14	LEU359	CD2	3.8
O15	ARG120	NH1	2.9
		CZ	3.2
		NE	3.4
		CD	3.6
		NH2	3.9
O16	ARG120	NH1	3.5
		NH2	3.5
		CZ	3.6
	TYR355	OH	2.5
		CE2	3.3
		CZ	3.3
C19	MET522	O	3.9
	GLY526	CA	3.9
		C	3.9
C20	TYR385	CE2	3.7
	GLY526	O	3.7
F21	TYR355	CE2	3.8
	LEU359	CD2	3.2
F22	VAL349	CG1	3.5
	SER353	CB	3.8
	TYR355	CE2	3.7
		CD2	3.9
	LEU359	CD1	3.5
		CD2	3.7
F23	VAL349	CG1	3.7
	LEU359	CD2	3.5
		CD1	3.8
	LEU531	CD1	3.8

[103] 6,8-dichloro-7-isobutoxy-2-(trifluoromethyl)-2H-chromene-3-carboxylic acid

4.3 Docking 상의 잠재적 결합모드

4.3.1 Indomethacin 변형체

COX−2의 활성부위가 상대적으로 크다는 점을 이용한 indomethacin의 변형은 COX−2의 선택성 증가를 가져온다. 추가적인 phenyl 고리에 Cl의 첨가, acetic acid를 β−branched butyric acid로 치환, C3에 4−bromophenyl thiazole 그룹의 추가, indole 고리에 methylsulfonzyl 기로 교환으로 비선택적 저해제인 indomethacin의 특성이 전환된다. 2−Methyl 그룹의 존재는 저해능에 중요 인자로 대부분의 변형에서 고려의 대상에서 제외되며, 저해제−90에서는 C3 치환기가 Schiff base 형태를 보인다.

표 98 COX−2/COX−1에 대한 (86)−(91)의 선택적 저해[74−77]

저해제	IC_{50} (μM)	
	COX−2	COX−1
86	0.5	> 100
87	0.04	NA
88	NA	NA
89	0.06	> 10
90	0.71	91.1
91	0.03	> 40

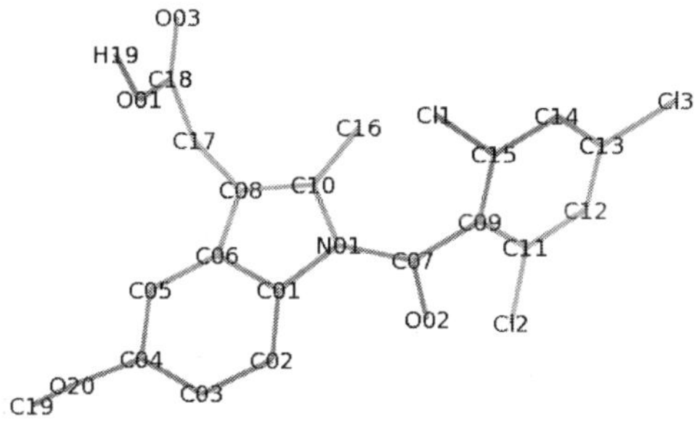

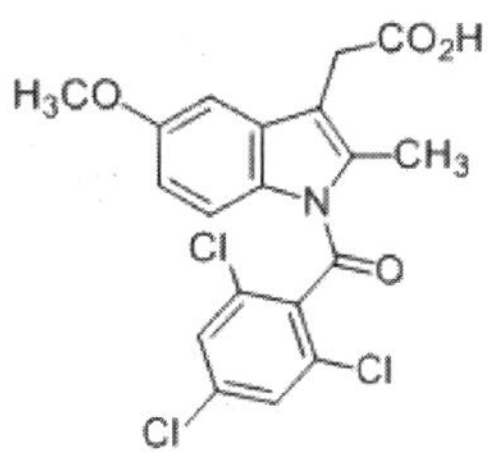

(86)

그림 86 저해제-86[104]의 원자명 표기

표 99 저해제-86과 근접한 COX-2 원자

리간드 원자	COX-2 잔기	COX-2 원자	거리(Å)	리간드 원자	COX-2 잔기	COX-2 원자	거리(Å)
C07	VAL349	CG1	3.6	Cl3	VAL116	CG1	3.0
	ALA527	CB	3.6			CB	3.0
N01	VAL349	CG1	3.5			CG2	3.4
C02	ALA527	CA	3.2		TYR355	CE2	3.4
	SER530	CB	3.3	C15	ARG120	NH1	3.5
		OG	3.4	Cl1	ARG120	NH1	3.2
O02	ALA527	CB	3.3			NH2	3.4
		CA	3.4			CZ	3.5
		O	3.6		TYR355	OH	3.4
	LEU531	CD1	3.5		ALA527	CB	3.4
		CG	3.5	C17	LEU352	CB	3.3
C03	GLY526	O	3.4			C	3.5
		C	3.6			CG	3.5
	SER530	CB	3.0		SER353	N	3.6
		OG	3.3	O03	LEU352	O	3.5
C05	LEU352	CD2	3.5		VAL523	CG2	3.5
C10	VAL349	CG1	3.6	O01	PHE518	CD2	3.3
C16	SER353	CB	3.0		VAL523	CG2	3.0
		CA	3.5			CB	3.5
C11	VAL349	CG1	3.7			CG1	3.5
C12	VAL116	CG2	3.6			CA	3.6
	LEU359	CD2	3.2	H19	PHE518	CD2	3.1
Cl2	VAL349	CG1	2.9		VAL523	CG2	2.1
	LEU359	CD1	3.6			CB	2.9
	LEU531	CD2	3.4			CA	3.2
C13	TYR355	CE2	3.2			CG1	3.3
C14	ARG120	NH1	3.4	O20	TRP387	CH2	3.3
	TYR355	CE2	2.9			CZ2	3.5
		OH	3.4	C19	TYR385	CE2	3.5
		CZ	3.6		TRP387	CZ2	3.5

[104] 2-(5-methoxy-2-methyl-1-(2,4,6-trichlorobenzoyl)-1H-indol-3-yl)acetic acid, 잠재적 conformer의 COX-2에 대한 k_D = 10.4 μM

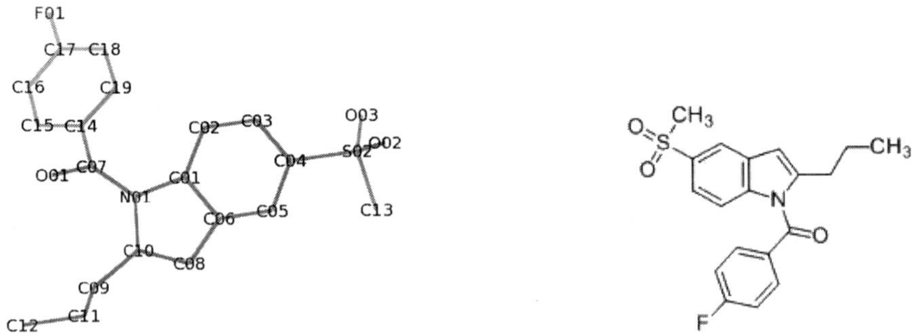

(87)

그림 87 저해제-87[105]의 원자명 표기

표 100 저해제-87과 근접한 COX-2 원자

리간드 원자	COX-2 잔기	COX-2 원자	거리(Å)	리간드 원자	COX-2 잔기	COX-2 원자	거리(Å)
C01	ALA527	CB	3.7			CG2	3.9
O01	PHE518	CD2	3.8	F01	HIS90	NE2	2.9
		CE2	3.9			CD2	3.7
	VAL523	CA	3.6			CE1	3.7
C02	TYR355	OH	3.9		LEU352	O	3.8
	ALA527	CB	3.9		SER353	O	3.2
C03	TYR355	OH	3.5	C19	SER353	CA	3.9
		CE2	3.7		VAL523	CG1	3.3
C05	VAL349	CG1	3.5			CG2	3.8
C06	VAL349	CG1	3.4	C09	LEU352	CD2	3.9
	ALA527	CB	3.7	C11	GLY526	O	3.5
C08	VAL349	CG1	3.5			C	3.6
		CG2	3.8		SER530	CB	3.6
C14	VAL523	CG2	3.7	C12	TYR385	CE2	3.9
		CG1	3.7		TRP387	CZ2	3.7
C15	LEU352	O	3.6		GLY526	CA	3.8
	PHE518	CD2	3.2	S02	VAL116	CG2	3.7
		CE2	3.7	O02	VAL116	CG2	3.5
	VAL523	CG2	3.8			O	3.6
C16	LEU352	O	3.1			CB	3.7
		C	3.8		ARG120	NH1	3.3
	PHE518	CD2	3.8		LEU531	CD1	3.1
	VAL523	CG2	3.8	O03	VAL116	CG2	3.7
C17	LEU352	O	3.5			CB	3.7
	SER353	O	3.5		TYR355	CE2	3.3
		CA	3.8		LEU359	CD2	3.8
	VAL523	CG2	3.8	C13	VAL116	CG2	3.5
C18	SER353	O	3.6		LEU359	CD2	3.8
		CA	3.6		LEU531	CD2	3.6
	VAL523	CG1	3.8			CD1	3.7

105 (4-fluorophenyl)(5-(methylsulfonyl)-2-propyl-1H-indol-1-yl)methanone, 잠재적 conformer의 COX-2에 대한 k_D = 28 nM

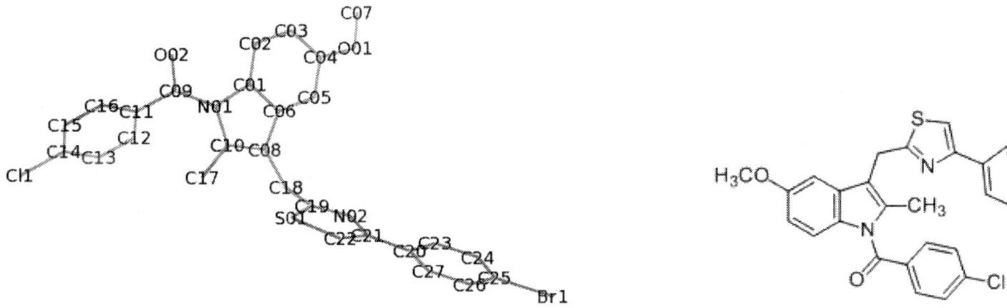

(88)

그림 88 저해제-88[106]의 원자명 표기

표 101 저해제-88과 근접한 COX-2 원자

리간드 원자	COX-2 잔기	COX-2 원자	거리(Å)	리간드 원자	COX-2 잔기	COX-2 원자	거리(Å)
C02	VAL523	CG2	3.6			OG	3.6
C03	VAL523	CG2	3.0	C18	VAL349	CG1	2.7
		CG1	3.5	S01	ALA527	CB	3.6
C04	SER353	CA	3.6		LEU531	CD1	3.6
C05	SER353	CA	3.2	C22	ARG120	NH1	3.0
		CB	3.5	C21	ARG120	NH1	3.5
C08	VAL349	CG1	3.3		TYR355	CE2	3.2
C17	ALA527	CA	3.6	N02	TYR355	CE2	2.7
C12	VAL349	CG2	3.5			CZ	3.5
	SER530	OG	3.6			CD2	3.5
C13	TYR348	CE2	3.5			OH	3.6
	VAL349	CG2	3.4	C20	VAL116	CB	3.5
	TYR385	OH	3.2		TYR355	CE2	3.1
	SER530	OG	3.1	C23	VAL116	CB	3.6
C14	TYR385	OH	2.6		ARG120	NH1	2.9
		CZ	3.5	C25	LEU93	CD2	3.3
		CE2	3.5		VAL116	CG1	3.2
	SER530	OG	2.7	C26	VAL116	CG1	3.0
		CB	3.2			CB	3.6
C15	TYR385	CE2	3.0	Br1	LEU93	CD1	3.4
		OH	3.1			CD2	3.5
		CZ	3.4		TYR115	CE2	3.4
	SER530	CB	2.8	C27	VAL116	CG1	3.3
		OG	3.0			CB	3.5
Cl1	PHE205	CE2	3.5		TYR355	CE2	2.9
	TYR385	OH	2.6			CD2	3.3
		CZ	3.5	O01	SER353	O	3.2
	SER530	OG	3.3			CA	3.4
C16	GLY526	O	3.5	C07	HIS90	NE2	3.6
	SER530	CB	3.2		SER353	O	3.6

[106] (3-((4-(4-bromophenyl)thiazol-2-yl)methyl)-5-methoxy-2-methyl-1H-indol-1-yl)(4-chlorophenyl)methanone, 잠재적 conformer의 COX-2에 대한 k_D = 3.20 μM

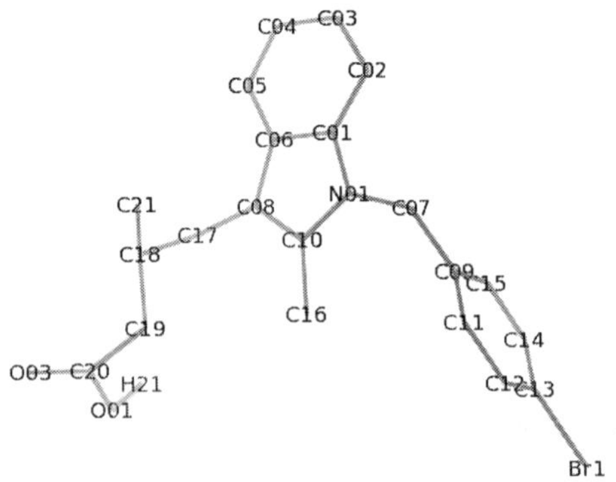

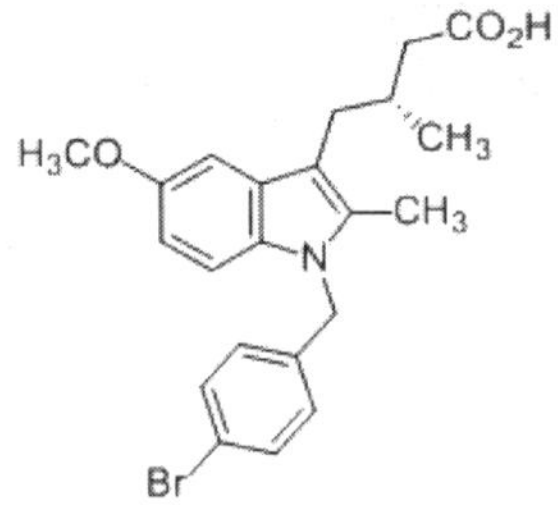

(89)

그림 89 저해제-89[107]의 원자명 표기

표 102 저해제-89와 근접한 COX-2 원자

리간드 원자	COX-2 잔기	COX-2 원자	거리(A)	리간드 원자	COX-2 잔기	COX-2 원자	거리(A)
C01	SER353	CA	3.8		LEU359	CD2	3.5
	VAL523	CG1	3.5		LEU531	CD2	3.6
N01	VAL523	CG1	3.6			CD1	3.8
C02	SER353	CA	3.5	C15	VAL349	CG1	3.6
		O	3.7		SER353	CB	3.7
	VAL523	CG1	3.7		TYR355	CE2	3.3
C03	HIS90	NE2	3.7	C17	LEU352	CD2	3.2
	LEU352	O	3.8			CG	3.5
	SER353	O	3.5		PHE518	CE2	3.5
		CA	3.8	C18	PHE518	CE2	3.6
	VAL523	CG2	3.7	C21	PHE518	CD2	3.7
C04	LEU352	O	3.3			CE2	3.8
	VAL523	CG2	3.7		MET522	O	3.6
C05	LEU352	O	3.5		VAL523	CA	3.2
	PHE518	CD2	3.2			N	3.8
		CE2	3.7	C19	GLY526	C	3.7
	VAL523	CG2	3.8	C20	GLY526	O	3.8
C07	TYR355	OH	3.2	O03	PHE381	CE1	3.7
		CZ	3.8		LEU384	CD1	3.7
	VAL523	CG1	3.8		TYR385	CE2	3.4
C09	TYR355	OH	3.7			CD2	3.8
		CE2	3.8		GLY526	CA	3.6
C11	ARG120	NH1	3.4			O	3.8
	ALA527	CB	3.5	O01	TYR385	OH	3.1
C12	LEU531	CD1	3.4			CE2	3.4
C14	VAL349	CG1	3.4			CZ	3.5
	LEU359	CD1	3.3		SER530	CB	3.7
		CD2	3.8			OG	3.7
Br1	MET113	CE	3.4	H21	LEU352	CD2	3.7
	VAL116	CG2	3.0		TYR385	OH	3.3

[107] (R)-4-(1-(4-bromobenzyl)-5-methoxy-2-methyl-1H-indol-3-yl)-3-methylbutanoic acid, 잠재적 conformer의 COX-2에 대한 k_D = 0.25 μM

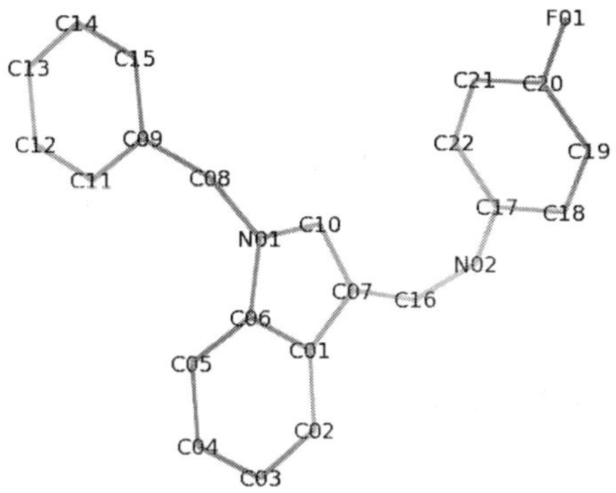

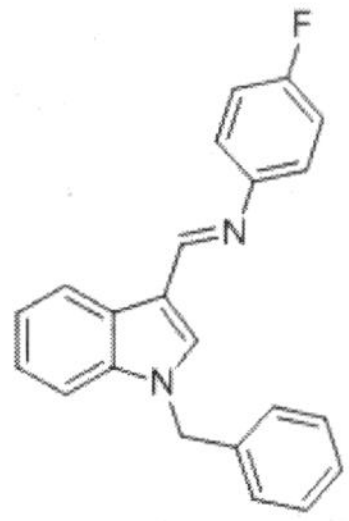

(90)

그림 90 저해제-90[108]의 원자명 표기

표 103 저해제-90과 근접한 COX-2 원자

리간드 원자	COX-2 잔기	COX-2 원자	거리(Å)	리간드 원자	COX-2 잔기	COX-2 원자	거리(Å)
C01	VAL523	CG1	3.3	C19	VAL349	CG1	3.7
C02	SER353	CA	3.9		LEU359	CD1	3.2
	TYR355	OH	3.6			CD2	3.4
	VAL523	CG1	3.3	C20	VAL349	CG1	3.2
		CG2	3.9		LEU359	CD1	3.8
C03	LEU352	O	3.8		LEU531	CD2	3.6
	SER353	CA	3.6	C21	VAL349	CG1	3.5
		O	3.7		LEU531	CD2	3.4
	VAL523	CG2	3.7			CD1	3.5
C04	LEU352	O	3.1			CG	3.5
		C	3.6	F01	VAL349	CG1	3.2
	SER353	CA	3.6		LEU359	CD1	3.6
		N	3.9		LEU531	CD2	3.2
C05	LEU352	O	3.6	C22	ALA527	CB	3.5
		C	3.7		LEU531	CD1	3.7
		CB	3.8	C08	LEU352	CD2	3.7
	SER353	N	3.9	C09	LEU352	CD2	3.9
C07	VAL523	CG1	3.5	C11	PHE518	CE2	3.8
C10	ALA527	CB	3.6	C12	TRP387	CZ2	3.6
C16	ARG120	NH1	3.8		GLY526	CA	3.8
		NH2	3.9	C13	TYR385	CE2	3.7
	TYR355	OH	3.1		TRP387	CZ2	3.7
	VAL523	CG1	3.7		GLY526	CA	3.7
	ALA527	CB	3.8	C14	TYR385	CE2	3.5
N02	ARG120	NH1	3.1			OH	3.7
		CZ	3.7			CZ	3.9
	TYR355	OH	3.4		GLY526	O	3.9
		CE2	3.9		SER530	CB	3.7
	ALA527	CB	3.9	C15	SER530	CB	3.8
C18	TYR355	CE2	3.5			OG	3.8

108 (E)-1-(1-benzyl-1H-indol-3-yl)-N-(4-fluorophenyl)methanimine, 잠재적 conformer의 COX-2에 대한 k_D = 40 nM

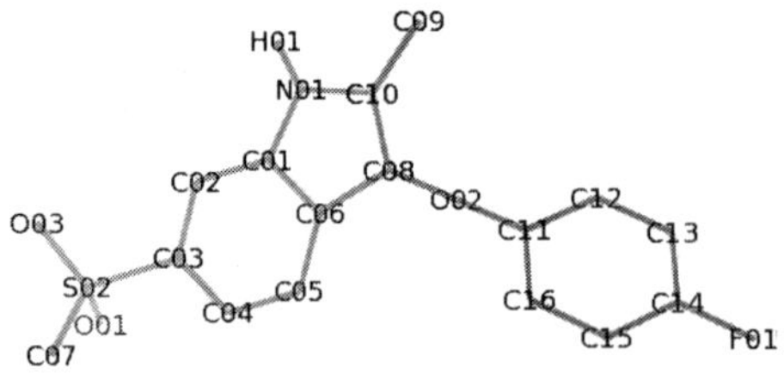

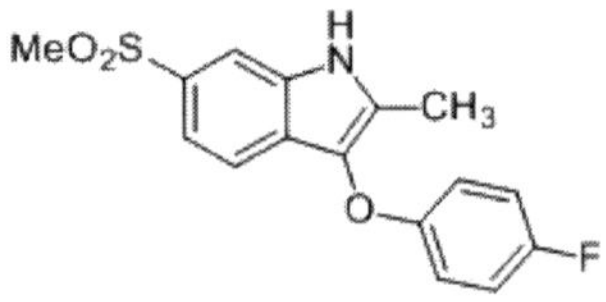

(91)

그림 91 저해제-91[109]의 원자명 표기

표 104 저해제-91과 근접한 COX-2 원자

리간드 원자	COX-2 잔기	COX-2 원자	거리(Å)	리간드 원자	COX-2 잔기	COX-2 원자	거리(Å)
N01	SER353	CB	3.7			CD1	3.8
		CA	3.7	C07	MET113	CE	3.9
C02	TYR355	CE2	3.5		VAL116	CG2	3.7
		OH	3.7		LEU359	CD2	3.6
		CZ	3.8			CD1	3.8
C03	VAL349	CG1	3.9		LEU531	CD2	3.6
C04	VAL349	CG1	3.8			CD1	3.9
	ALA527	CB	3.8	C12	PHE518	CE2	3.8
	LEU531	CD1	3.9		MET522	O	3.8
C05	VAL349	CG1	3.8		GLY526	CA	4.0
	ALA527	CB	3.4	C13	LEU384	CD1	3.9
		CA	3.6		TRP387	CZ2	3.5
C06	VAL349	CG1	4.0		MET522	O	3.7
	ALA527	CB	3.8			CG	3.9
C09	VAL523	CG2	3.9		GLY526	CA	3.6
C10	VAL523	CG1	4.0	C14	LEU384	CD1	3.6
H01	SER353	CA	3.1		TYR385	CE2	3.8
		CB	3.1		TRP387	CZ2	3.4
	TYR355	OH	3.4			CH2	3.8
		CZ	3.5		GLY526	CA	3.7
		CE1	3.9	C15	TYR385	CE2	3.6
S02	VAL116	CG2	3.8		GLY526	O	3.8
O01	VAL116	CG2	3.3	F01	PHE381	CE1	3.7
		CB	3.4		LEU384	CD1	2.7
		O	3.9		TYR385	CD2	3.1
	ARG120	NH1	3.6			CE2	3.1
	LEU531	CD1	3.5			CG	3.7
O03	TYR355	CE2	3.2			CZ	3.8
		CD2	3.6		TRP387	CZ2	3.3
	LEU359	CD2	3.2			CH2	3.9

109 3-(4-fluorophenoxy)-2-methyl-6-(methylsulfonyl)-1H-indole, 잠재적 conformer의 COX-2에 대한 k_D = 0.21 μM

4.3.2 Flurbiprofen/meclofenamic aicd 변형체

COX−2와 COX−1이 flurbiprofen과 결합한 결정구조의 비교분석을 통해 4−phenyl 고리에 입체적 제한을 도입하여 COX−1에 대한 저해능의 감소를 가져올 수 있는 가능성 존재한다. 저해제−92에서는 diethoxy 치환기, 저해제−92에서는 phenyl 고리 대신에 indole고리가 추가되었다. Meclofenamic acid의 amide 유도체인 저해제−94, ketoprofen의 benzophenone 골격의 치환기가 교환된 저해제−95도 허용 수준의 COX−2 선택성을 보여준다.

표 105 COX−2/COX−1에 대한 (92)−(95)의 선택적 저해[78−80]

저해제	IC_{50} (μM)	
	COX−2	COX−1
92	0.1	7.7
93	0.23	10.5
94	0.15	66
95	0.2	18

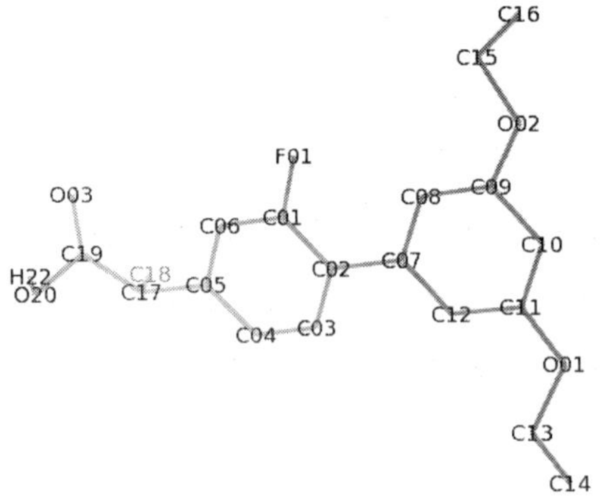

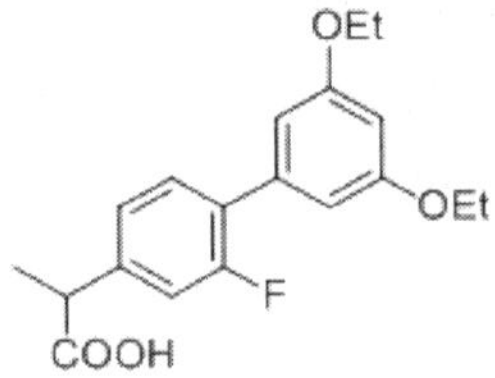

(92)

그림 92 저해제-92[110]의 원자명 표기

표 106 저해제-92와 근접한 COX-2 원자

리간드 원자	COX-2 잔기	COX-2 원자	거리(Å)	리간드 원자	COX-2 잔기	COX-2 원자	거리(Å)
C03	SER353	CA	3.8		SER530	OG	3.2
	TYR355	OH	3.7			CB	3.4
	VAL523	CG1	3.6	C15	LEU352	CD2	3.8
C04	SER353	CA	3.6		TYR385	OH	3.8
	TYR355	OH	3.6	C16	TYR385	CE2	3.6
	VAL523	CG1	3.6		GLY526	O	3.7
C05	LEU352	O	3.8		SER530	CB	3.8
	SER353	CA	3.6	O01	ALA527	CB	3.8
		O	3.8		LEU531	CD1	3.5
	VAL523	CG2	3.6			CG	3.7
C06	LEU352	O	3.5	C14	VAL349	CG1	3.8
	PHE518	CD2	3.8		LEU359	CD1	3.8
	VAL523	CG2	3.7		LEU531	CD2	3.7
F01	LEU352	CG	3.4	C17	HIS90	NE2	3.3
		CD2	3.6			CD2	3.9
		CB	3.6		SER353	O	3.6
	PHE518	CE2	3.3	C18	HIS90	NE2	3.4
		CD2	3.5			CD2	3.7
C09	VAL349	CG2	3.8		ARG513	NH1	2.9
C10	VAL349	CG1	3.6		VAL523	CG2	3.0
		CG2	3.7	C19	GLN192	OE1	3.3
	ALA527	CA	3.8		LEU352	O	3.2
	SER530	OG	3.6		SER353	O	3.8
		CB	3.8		ALA516	CB	3.6
C11	VAL349	CG1	3.5	O03	GLN192	OE1	3.0
	ALA527	CB	3.7		LEU352	O	3.6
		CA	3.8		ALA516	CB	3.4
C12	VAL349	CG1	3.7		ILE517	CG2	3.5
	ALA527	CB	3.8			N	3.7
O02	VAL349	CG2	3.7		PHE518	N	3.6

110 2-(3',5'-diethoxy-2-fluoro-[1,1'-biphenyl]-4-yl)propanoic acid, 잠재적 conformer의 COX-2에 대한 k_D = 0.18 μM

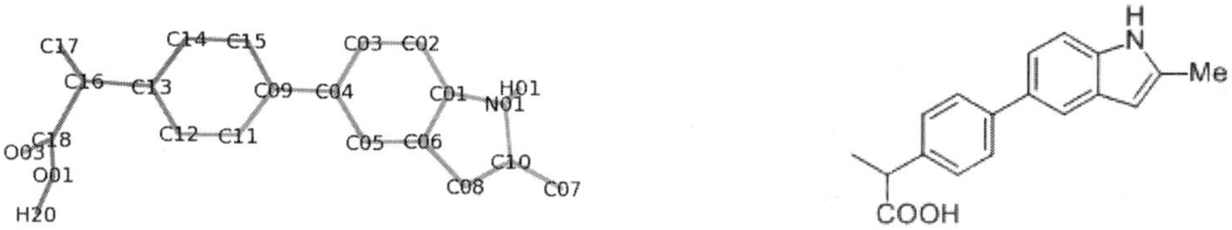

(93)

그림 93 저해제-93[111]의 원자명 표기

표 107 저해제-93과 근접한 COX-2 원자

리간드 원자	COX-2 잔기	COX-2 원자	거리(Å)	리간드 원자	COX-2 잔기	COX-2 원자	거리(Å)
C01	VAL349	CG1	3.3		VAL523	CG2	3.4
N01	VAL349	CG1	3.7	C14	LEU352	O	3.6
	LEU531	CD2	3.3		PHE518	CD2	3.6
		CD1	3.3	C16	LEU352	O	3.8
		CG	3.5		VAL523	CG2	3.4
C02	VAL349	CG1	3.5	C17	GLN192	OE1	3.1
	ALA527	CB	3.6		LEU352	O	3.2
		CA	3.8		ILE517	CG2	3.1
C05	VAL349	CG1	3.7		PHE518	CD2	3.5
	SER353	CB	3.5			N	3.7
	TYR355	CE2	3.7	C18	HIS90	NE2	3.4
C06	VAL349	CG1	3.4		ALA516	CB	3.5
C07	MET113	CE	3.5	O03	HIS90	NE2	3.2
	VAL116	CG2	2.7			CE1	3.5
		CB	3.8		ARG513	CB	3.2
	LEU359	CD2	3.7			CG	3.4
	LEU531	CD1	3.6			NH1	3.5
		CD2	3.7			CD	3.6
C08	LEU359	CD1	3.7		ALA516	CB	3.4
H01	LEU531	CD1	2.3	O01	HIS90	NE2	3.1
		CG	2.5			CE1	3.7
		CD2	2.6		GLN192	OE1	3.6
C09	SER353	CA	3.7		LEU352	O	3.6
C11	SER353	CA	3.6		SER353	O	3.1
	TYR355	OH	3.5		ALA516	CB	3.5
	VAL523	CG1	3.6	H20	HIS90	NE2	2.4
C12	SER353	CA	3.7			CE1	2.9
	VAL523	CG2	3.7			CD2	3.7
		CG1	3.7		SER353	O	3.1
C13	LEU352	O	3.6		ALA516	CB	3.5

[111] 2-(4-(2-methyl-1H-indol-5-yl)phenyl)propanoic acid, 잠재적 conformer의 COX-2에 대한 k_D = 0.30 μM

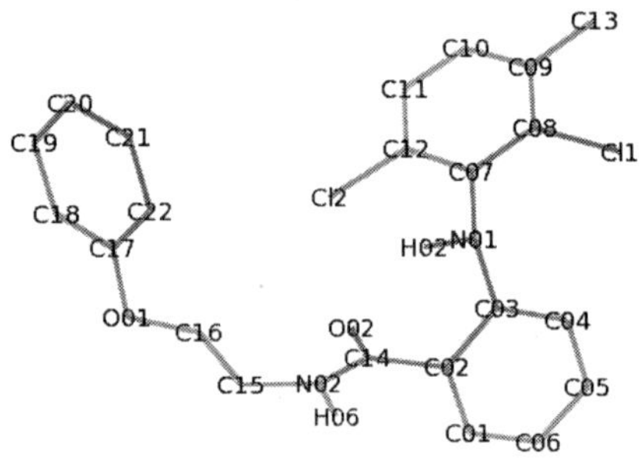

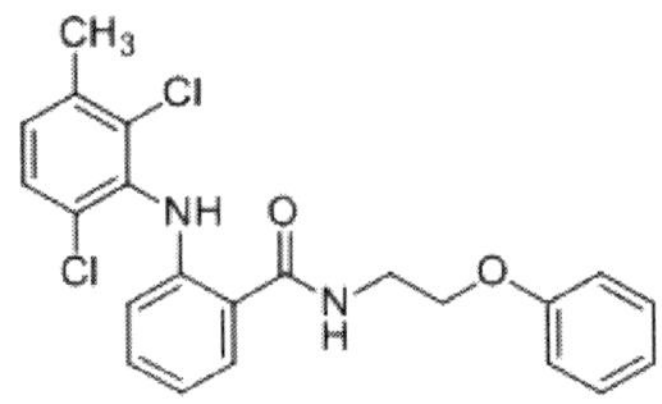

(94)

그림 94 저해제-94[112]의 원자명 표기

표 108 저해제-94와 근접한 COX-2 원자

리간드 원자	COX-2 잔기	COX-2 원자	거리(Å)
C01	VAL349	CG1	3.4
C02	VAL349	CG1	3.3
C03	VAL349	CG1	3.6
C04	VAL349	CG2	3.9
C06	VAL349	CG1	3.8
C14	VAL349	CG1	3.7
	SER353	CB	3.8
N02	SER353	CB	3.8
	TYR355	OH	3.6
H06	TYR355	OH	3.2
		CZ	3.7
		CE2	3.9
O02	VAL349	O	3.6
		CG1	3.7
	LEU352	CB	3.8
	SER353	CA	3.3
		N	3.4
		CB	3.4
C15	SER353	CB	3.3
		CA	3.3
	TYR355	OH	3.0
		CZ	3.2
		CE1	3.6
		CE2	3.8
C16	TYR355	OH	3.3
O01	HIS90	CD2	3.2
		NE2	3.2
	SER353	O	3.5
	ARG513	NH1	3.8
C17	HIS90	NE2	3.6
	SER353	O	3.8
C18	HIS90	NE2	3.4
	ARG513	NH1	3.5
C19	ARG513	CB	3.7
	ALA516	CB	3.1
	PHE518	O	3.3
C20	GLN192	OE1	3.6
	ALA516	CB	3.4
	ILE517	CG2	3.6
		N	3.7
	PHE518	N	3.1
		O	3.6
		CA	3.7
C21	GLN192	OE1	3.6
	LEU352	O	3.2
	ILE517	CG2	3.5
C22	LEU352	O	3.0
		C	3.8
	SER353	CA	3.9
H02	LEU352	CD2	3.6
		CB	3.8
C09	TRP387	CZ2	3.6
Cl1	TYR385	OH	3.5
C10	TRP387	CZ2	3.8
C13	PHE381	CE1	3.6
	LEU384	CD1	3.3
	TYR385	CE2	3.1
		CD2	3.4
		CZ	3.7
	TRP387	CZ2	3.5

[112] 2-((2,6-dichloro-3-methylphenyl)amino)-N-(2-phenoxyethyl)benzamide, 잠재적 conformer의 COX-2에 대한 k = 0.50 μM

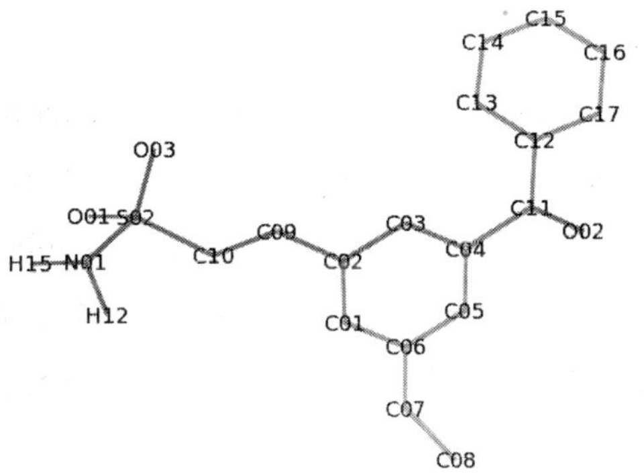

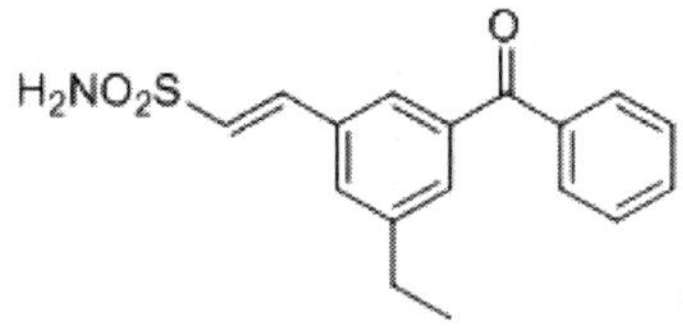

(95)

그림 95 저해제-95[113]의 원자명 표기

표 109 저해제-95와 근접한 COX-2 원자

리간드 원자	COX-2 잔기	COX-2 원자	거리(Å)
C01	SER353	CA	3.7
		CB	3.8
	VAL523	CG1	3.8
C02	SER353	CA	3.8
C09	LEU352	O	3.4
		C	3.8
	SER353	CA	3.7
	VAL523	CG2	3.8
C10	LEU352	O	3.7
	SER353	O	3.7
		CA	3.8
	VAL523	CG2	3.6
S02	HIS90	NE2	3.8
	LEU352	O	3.7
O01	HIS90	NE2	3.2
		CE1	3.6
	ARG513	NH1	3.5
		CB	3.7
		CG	3.8
	ALA516	CB	3.7
	VAL523	CG2	3.8
O03	GLN192	OE1	3.3
	LEU352	O	3.5
	ALA516	CB	3.7
	ILE517	CG2	3.6
	PHE518	N	3.8
N01	HIS90	NE2	3.4
	GLN192	OE1	3.2
	LEU352	O	3.3
	SER353	O	3.0
	SER353	C	3.6
	ALA516	CB	3.5
H12	HIS90	NE2	3.1
	LEU352	O	3.1
	SER353	O	2.0
		C	2.7
		CA	3.4
	GLY354	N	3.5
H15	HIS90	NE2	3.0
		CE1	3.3
	GLN192	OE1	3.6
	SER353	O	3.5
	ALA516	CB	2.9
C07	TYR355	OH	3.5
		CE2	3.8
C08	VAL349	CG1	3.8
	TYR355	CE2	3.7
O02	VAL349	CG2	3.3
	LEU352	CD2	3.7
C13	PHE518	CE2	3.7
C14	TRP387	CZ2	3.7
	MET522	O	3.5
		CG	3.8
	GLY526	CA	3.7
C15	LEU384	CD1	3.3
	TRP387	CZ2	3.4
	GLY526	CA	3.4
C16	TYR385	CE2	3.4
	GLY526	CA	3.8
		O	3.8

[113] (E)-2-(3-benzoyl-5-ethylphenyl)ethene-1-sulfonamide, 잠재적 conformer의 COX-2에 대한 k_D = 28 nM

4.3.3 Chromenone 유사체

항염증성을 보여주는 식물 유래의 chromone에는 aloesin[114], norcimicifugin[115], eugenin[116], stellatin[117] 등이 있다. 저해제-96은 stellatin 변형체로 고리의 4-oxo 그룹, C2-C3 사이의 이중결합, C6, C7의 수산기 존재는 저해활성을 위해 필수적이며, 반면에 C8의 치환은 저해약화를 가져온다. 저해제-97에서는 benzopyran의 C6, C8이 치환되었으며, coumarin 골격의 C4에 isoquinoline이 추가된 저해제-98는 ester 화합물보다 가수분해에 덜 취약하여 추가적인 안정성이 기대된다.

표 110 COX-2/COX-1에 대한 (96)-(98)의 선택적 저해[81-84]

저해제	IC_{50} (μM)	
	COX-2	COX-1
96	8.9	14.4
97	0.06	19.9
98	1.02	2.98

[114] 7-hydroxy-5-methyl-2-(2-oxopropyl)-8-[3,4,5-trihydroxy-6-(hydroxymethyl)oxan-2-yl]chromen-4-one
[115] (2S)-4-hydroxy-7-(hydroxymethyl)-2-(2-hydroxypropan-2-yl)-2,3-dihydrofuro[3,2-g]chromen-5-one
[116] 5-hydroxy-7-methoxy-2-methylchromen-4-one
[117] 5-hydroxy-6,7-dimethoxy-2-methylchromen-4-one

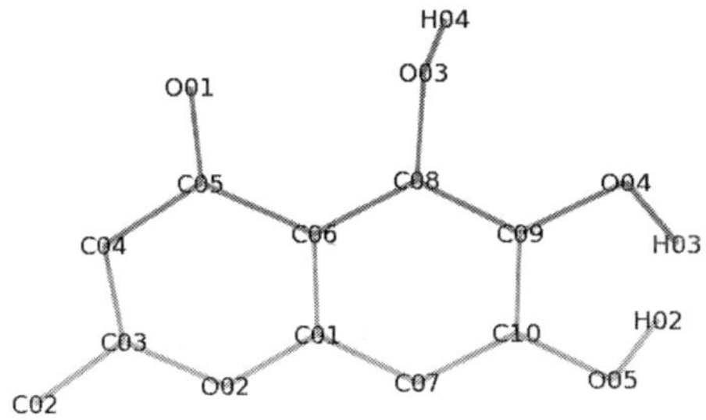

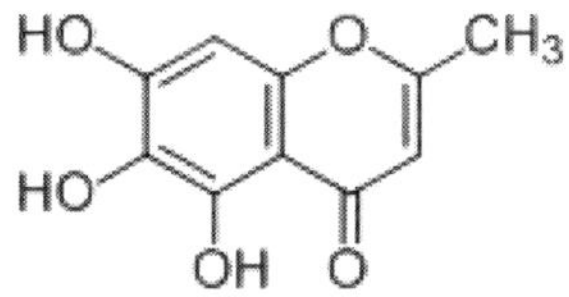

(96)

그림 96 저해제-96[118]의 원자명 표기

표 111 저해제-96과 근접한 COX-2 원자

리간드 원자	COX-2 잔기	COX-2 원자	거리(Å)	리간드 원자	COX-2 잔기	COX-2 원자	거리(Å)
O01	VAL349	CG1	3.9		VAL523	CG2	4.0
	ALA527	CB	3.4	O03	TYR355	OH	3.0
		CA	4.0			CZ	3.5
C02	VAL349	CG2	3.9			CE2	3.7
	LEU352	CD2	3.8	H04	TYR355	OH	2.8
	SER530	OG	3.7			CZ	3.7
O02	LEU352	CD2	3.3		VAL523	CG1	3.3
		CG	3.8	O05	LEU352	O	3.1
		CB	4.0			C	3.8
C03	LEU352	CD2	4.0		SER353	CA	3.8
C04	VAL349	CG1	3.7		VAL523	CG2	3.8
		CG2	4.0	H02	LEU352	O	3.9
	ALA527	CA	4.0		VAL523	CG2	3.2
C05	VAL349	CG1	3.7	O04	HIS90	CD2	3.9
	ALA527	CB	3.8		SER353	CA	3.6
C07	LEU352	CB	3.8			O	3.7
		CG	3.8			CB	4.0
		C	4.0		TYR355	OH	3.2
	PHE518	CD2	3.9			CZ	3.5
		CE2	4.0			CE1	3.6
C08	SER353	CB	4.0		VAL523	CG1	3.8
	TYR355	OH	4.0	H03	HIS90	NE2	3.6
	VAL523	CG1	3.8			CD2	3.7
C09	SER353	CA	3.5		SER353	O	2.8
		CB	3.9			CA	3.0
	VAL523	CG1	3.7			C	3.3
C10	LEU352	O	3.7			CB	3.6
		C	3.9		TYR355	CE1	3.4
	SER353	CA	3.6			OH	3.7
		N	3.9			CZ	3.7

118 5,6,7-trihydroxy-2-methyl-4H-chromen-4-one, 잠재적 conformer의 COX-2에 대한 k_D = 3.78 μM

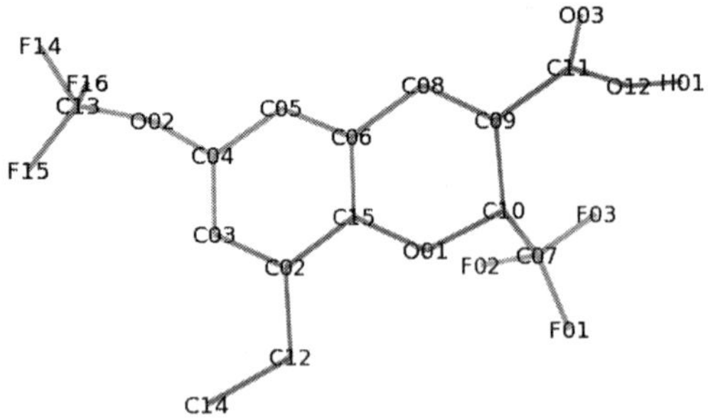

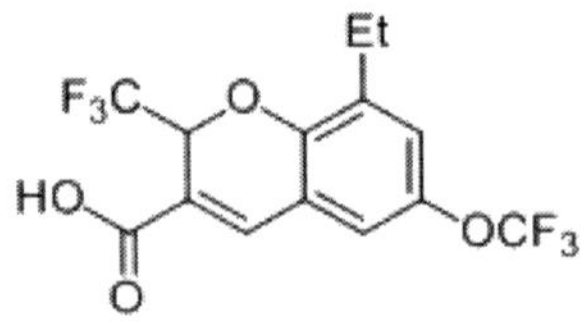

(97)

그림 97 저해제-97[119]의 원자명 표기

표 112 저해제-97과 근접한 COX-2 원자

리간드 원자	COX-2 잔기	COX-2 원자	거리(Å)	리간드 원자	COX-2 잔기	COX-2 원자	거리(Å)
C13	TYR355	CE2	3.7			CG	3.5
F14	VAL116	CB	3.2	C07	VAL523	CA	3.7
		CG2	3.5	F01	PHE518	CE2	3.6
		CG1	3.7	F02	VAL523	O	3.1
	TYR355	CE2	3.3			CA	3.2
F15	VAL116	CG2	3.1			CG1	3.4
		CB	3.6			C	3.5
	LEU531	CD1	3.5			CB	3.7
F16	TYR355	CE2	3.4		ALA527	N	3.6
		CD2	3.8	F03	PHE518	CD2	2.9
	LEU359	CD2	3.3			CE2	3.4
		CD1	3.4		VAL523	CA	3.1
O02	ARG120	NH1	3.3			CG2	3.1
	TYR355	CE2	3.7			CB	3.4
C03	ALA527	CB	3.6			N	3.7
C02	VAL349	CG1	3.5			CG1	3.8
	ALA527	CB	3.7	C11	LEU352	O	3.4
C15	VAL349	CG1	3.8	O03	LEU352	O	3.7
C08	SER353	CA	3.6		VAL523	CG2	3.3
		CB	3.8	O12	LEU352	O	2.9
C05	TYR355	OH	3.4			C	3.3
		CE2	3.7			CG	3.4
		CZ	3.8			CB	3.5
C12	VAL349	CG1	3.6		PHE518	CD2	3.2
		CG2	3.7			CE2	3.4
	SER530	OG	3.6	H01	LEU352	O	3.3
C14	VAL349	CG2	3.5		ILE517	CG2	3.4
	SER530	OG	3.0		PHE518	CD2	2.5
		CB	3.5			CE2	3.0
	LEU531	CD2	3.5			CG	3.4

[119] 8-ethyl-6-(trifluoromethoxy)-2-(trifluoromethyl)-2H-chromene-3-carboxylic acid, 잠재적 conformer의 COX-2에 대한 K_D = 0.30 μM

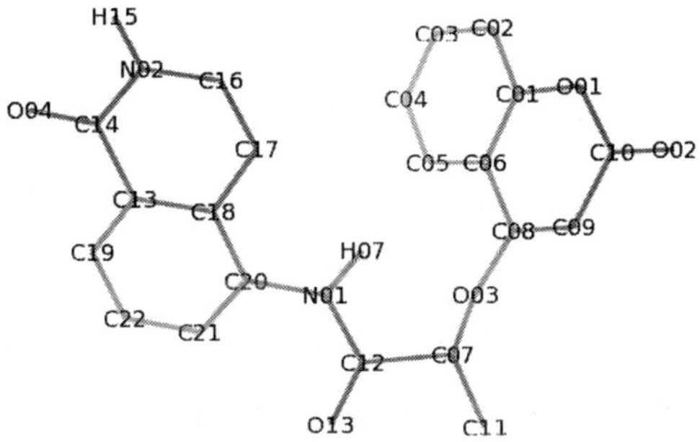

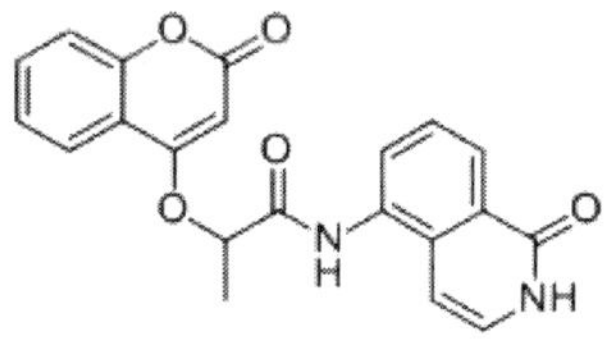
(98)

그림 98 저해제-98[120]의 원자명 표기

표 113 저해제-98과 근접한 COX-2 원자

리간드 원자	COX-2 잔기	COX-2 원자	거리(Å)	리간드 원자	COX-2 잔기	COX-2 원자	거리(Å)
O01	LEU352	CD2	3.6	C19	HIS90	NE2	3.3
	TYR385	OH	3.4			CD2	3.3
C02	TRP387	CZ2	3.1		ARG513	NH1	3.7
		CH2	3.3		VAL523	CG2	3.6
O02	TYR348	CE2	3.4	N02	LEU352	O	2.9
	VAL349	CG2	3.3		ILE517	CG2	3.4
	TYR385	OH	3.3		PHE518	CD2	3.1
C03	PHE518	CE2	3.5	O04	GLN192	OE1	3.6
	MET522	O	3.5		ALA516	CB	3.4
		CG	3.6	C16	LEU352	O	3.1
C04	MET522	O	3.1			CG	3.3
		C	3.6			C	3.4
	VAL523	CA	3.2			CB	3.5
		O	3.7		PHE518	CD2	2.9
C05	VAL523	O	3.6			CE2	3.1
C09	VAL349	CG2	3.3	H15	GLN192	OE1	3.1
C10	VAL349	CG2	3.6		LEU352	O	3.2
C07	VAL349	CG1	3.2		ILE517	CG2	2.4
C11	VAL349	CG1	3.7		PHE518	CD2	3.1
C12	VAL349	CG1	3.6			CG	3.5
O13	SER353	CB	3.5			N	3.6
	TYR355	CE2	3.6	C22	HIS90	CD2	3.2
C20	VAL523	CG1	3.5			NE2	3.7
C18	SER353	CA	3.6		TYR355	OH	3.0
C13	VAL523	CG2	3.5			CE1	3.6
C17	LEU352	O	3.5			CZ	3.6
		C	3.6		VAL523	CG1	3.4
		CB	3.6	C21	TYR355	OH	2.9
		CG	3.7			CZ	3.5
C14	LEU352	O	3.3		VAL523	CG1	3.2

120 N-(1-oxo-1,2-dihydroisoquinolin-5-yl)-2-((2-oxo-2H-chromen-4-yl)oxy)propanamide, 잠재적 conformer의 COX-2에 대한 k_D = 0.25 μM

4.3.4 기타

Serotonin 유사체인 저해제-99에서는 cinnamic acid의 catechol 고리가 COX-2 선택성에 기여하는 정도가 크며, 2-pyrimidinyl ether 계열인 저해제-100은 6각 헤테로고리의 1,3,5-치환형태로 pyrimidine 고리의 C2 치환기로는 alkoxy, phenoxy, cycloalkoxy가 가능하다. 3,5-di-tert-butyl-4-hydroxy-phenyl 그룹은 COX-2와 5-lipoxygenase (5-LOX)에 대한 동시 저해능에 관련이 있으며, 그 중에 저해제-101은 dithiolethione으로부터 hydrogen sulfide가 방출되어 염증의 초기반응을 제어한다. 저해제-104는 carboxylic acid 그룹을 pyridazinone이나 치환된 phenyl기를 도입하여 COX-2 선택성을 증가시킬 수 있다. Cashew에서 추출되는 긴 alkyl 사슬을 포함하는 salicylic acid인 anacardic acid[121]는 COX와 5-LOX에 대해 저해능을 보인다. C2가 benzimidazole이나 benzothiazole로 치환된 저해제-106, -107은 허용수준의 COX-2 선택성을 나타낸다.

표 114 COX-2/COX-1에 대한 (99)-(107)의 선택적 저해[85-89]

저해제	IC_{50} (μM)	
	COX-2	COX-1
99	42.5	> 400
100	0.021	> 30
101	0.007	3.6
102	1.7	NA
103	0.14	100
104	NA	NA
105	NA	NA
106	1	384
107	1	> 500

[121] 2-hydroxy-6-pentadecylbenzoic acid

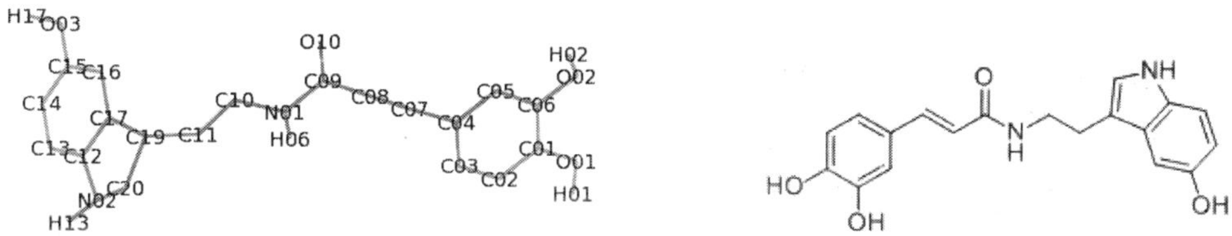

(99)

그림 99 저해제-99[122]의 원자명 표기

표 115 저해제-99와 근접한 COX-2 원자

리간드 원자	COX-2 잔기	COX-2 원자	거리(Å)	리간드 원자	COX-2 잔기	COX-2 원자	거리(Å)
C03	LEU352	CB	3.4			C	3.5
	SER353	N	3.6	H06	HIS90	NE2	3.6
C05	VAL523	CG2	3.6		LEU352	O	2.6
O01	ALA527	CA	3.6			C	3.5
H01	VAL349	CG1	3.4		SER353	O	2.0
		CG2	3.5			C	2.5
O02	VAL523	O	3.2			CA	3.0
		CA	3.6		GLY354	N	3.4
	GLY526	C	3.3	O10	ALA516	CB	3.5
		CA	3.6		VAL523	CG2	3.6
	ALA527	N	2.9	C10	HIS90	NE2	3.5
		CA	3.4		GLN192	OE1	3.1
H02	VAL523	O	2.3		SER353	O	3.6
		C	3.1		ALA516	CB	2.8
		CA	3.2	C11	HIS90	NE2	3.6
		CG1	3.6		GLN192	OE1	3.6
	GLY526	C	3.3		SER353	O	3.1
		CA	3.6	C17	PRO514	O	3.4
	ALA527	N	2.5	C16	HIS90	CE1	3.5
		CA	3.0		PRO514	O	2.9
		CB	3.0	C13	THR94	CB	3.6
C07	LEU352	O	3.5	C14	THR94	OG1	3.4
	PHE518	CD2	3.4			CB	3.4
C08	LEU352	O	3.4	C15	THR94	OG1	3.3
	VAL523	CG2	3.6		PRO514	O	3.5
C09	LEU352	O	3.5	O03	THR94	OG1	3.4
N01	HIS90	NE2	3.5		PRO514	CB	3.5
	GLN192	OE1	3.4	H17	HIS95	CE1	3.6
	LEU352	O	3.0		PRO514	CB	3.2
	SER353	O	3.0			CG	3.5

[122] (E)-3-(3,4-dihydroxyphenyl)-N-(2-(5-hydroxy-1H-indol-3-yl)ethyl)acrylamide, 잠재적 conformer의 COX-2에 대한 K_D = 0.21 μM

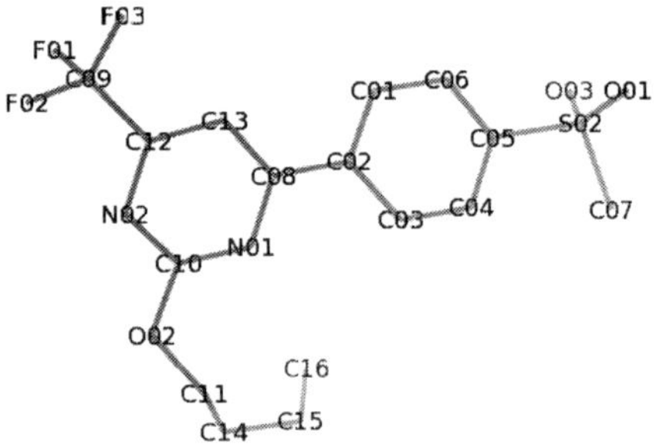

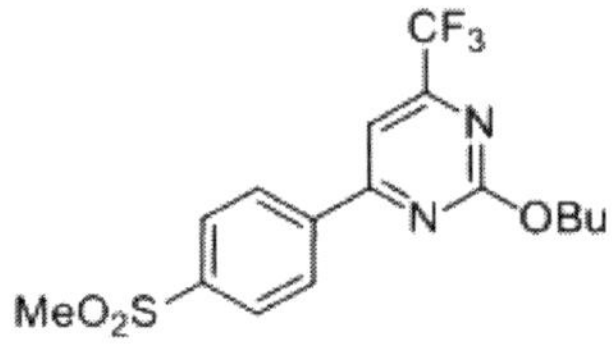

(100)

그림 100 저해제-100[123]의 원자명 표기

표 116 저해제-100과 근접한 COX-2 원자

리간드 원자	COX-2 잔기	COX-2 원자	거리(Å)
C01	SER353	CA	3.6
		CB	3.8
	TYR355	OH	3.4
		CZ	3.7
	VAL523	CG1	3.6
C02	SER353	CA	3.8
	VAL523	CG1	3.8
C04	LEU352	O	3.4
		C	3.8
	PHE518	CD2	3.8
	VAL523	CG2	3.7
C05	LEU352	O	3.6
	SER353	CA	3.8
		O	3.8
	VAL523	CG2	3.6
C06	HIS90	CD2	3.8
		NE2	3.8
	SER353	O	3.5
		CA	3.6
	TYR355	OH	3.9
	VAL523	CG1	3.9
C10	VAL349	CG1	3.8
	ALA527	CA	3.7
		CB	3.8
N02	VAL349	CG1	3.5
	ALA527	CB	3.6
		CA	3.8
C12	VAL349	CG1	3.6
O02	ALA527	CA	3.5
	SER530	CB	3.5
		OG	3.6
C11	SER530	OG	3.9
C15	PHE518	CE2	3.7
C16	PHE518	CE2	3.9
	MET522	O	3.6
	VAL523	CA	3.7
F01	ARG120	NH1	3.4
	LEU531	CD1	3.4
F02	VAL349	CG1	3.9
	LEU531	CD1	3.4
		CD2	3.4
		CG	3.7
F03	TYR355	CE2	3.5
S02	HIS90	NE2	3.7
	LEU352	O	3.9
	ALA516	CB	3.8
O01	HIS90	NE2	3.4
	GLN192	OE1	3.4
	LEU352	O	3.3
	SER353	O	3.0
		C	3.7
	ALA516	CB	3.6
O03	HIS90	NE2	3.3
		CE1	3.7
		CD2	3.9
	ARG513	NH1	3.3
		CB	3.7
		CG	3.7
		CD	3.7
	VAL523	CG2	3.5

[123] 2-butoxy-4-(4-(methylsulfonyl)phenyl)-6-(trifluoromethyl)pyrimidine, 잠재적 conformer의 COX-2에 대한 K_D = 92 nM

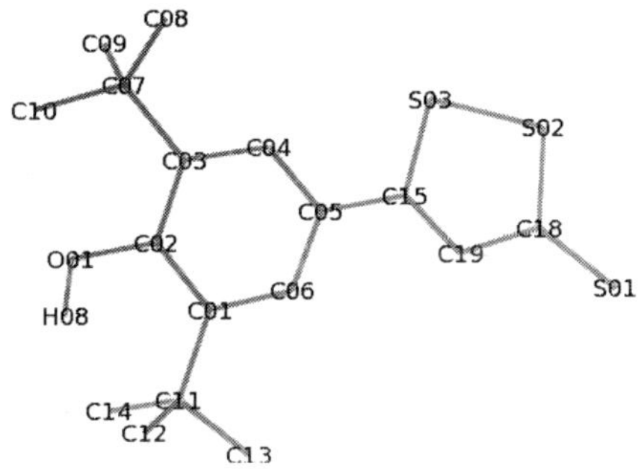

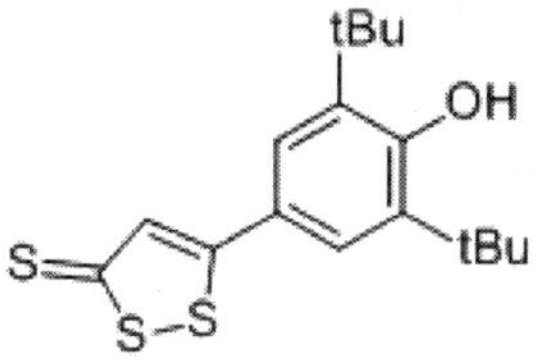

(101)

그림 101 저해제-101[124]의 원자명 표기

표 117 저해제-101과 근접한 COX-2 원자

리간드 원자	COX-2 잔기	COX-2 원자	거리(Å)	리간드 원자	COX-2 잔기	COX-2 원자	거리(Å)
C02	VAL349	CG1	3.7		LEU531	CD2	3.7
C03	VAL349	CG1	3.6			CD1	3.7
C11	LEU352	CD2	3.9			CG	3.8
C12	VAL349	CG2	3.5	C15	SER353	CA	3.7
	LEU352	CD2	3.4		VAL523	CG1	3.7
C13	LEU352	CD2	3.4			CG2	3.9
	TRP387	CH2	3.7	S03	SER353	CA	3.7
		CZ2	3.9			O	3.9
	PHE518	CE2	3.6		TYR355	OH	3.4
C14	GLY526	O	3.3			CZ	3.8
		C	3.3			CE1	3.9
	ALA527	N	3.6		VAL523	CG1	3.6
		CA	3.8	S02	HIS90	NE2	3.1
	SER530	CB	3.5			CD2	3.5
		OG	3.9		SER353	O	3.5
O01	VAL349	CG1	3.8		VAL523	CG2	3.8
	ALA527	CA	3.6	C18	LEU352	O	3.4
		CB	3.9		VAL523	CG2	3.6
	SER530	OG	3.8	S01	GLN192	OE1	3.4
		CB	3.9		LEU352	O	3.6
H08	ALA527	CA	3.5		ALA516	CB	3.8
	SER530	OG	3.2		ILE517	CG2	3.4
		CB	3.2			N	3.9
C07	VAL349	CG1	3.6		PHE518	N	3.6
C08	VAL349	CG1	3.4			CD2	3.6
	TYR355	CE2	3.6			CB	3.7
	LEU359	CD1	3.9			CG	3.9
C09	ARG120	NH1	3.4	C19	LEU352	O	3.5
	ALA527	CB	3.2		PHE518	CD2	3.7
C10	VAL349	CG1	3.3		VAL523	CG2	3.7

124 5-(3,5-di-tert-butyl-4-hydroxyphenyl)-3H-1,2-dithiole-3-thione. 잠재적 conformer의 COX-2에 대한 k_D = 1.63 μM

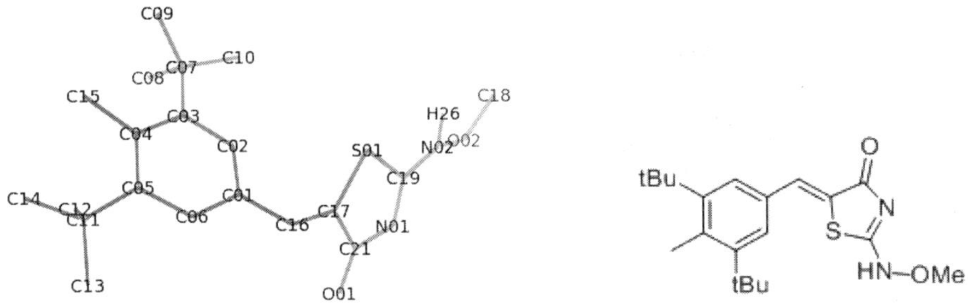

(102)

그림 102 저해제-102[125]의 원자명 표기

표 118 저해제-102와 근접한 COX-2 원자

리간드 원자	COX-2 잔기	COX-2 원자	거리(Å)	리간드 원자	COX-2 잔기	COX-2 원자	거리(Å)
C01	VAL349	CG1	3.5	C18	LEU93	CD2	3.7
C02	VAL349	CG1	3.7		VAL116	CB	3.7
C06	VAL349	CG2	3.6		ARG120	NH1	3.6
	SER530	OG	3.3		TYR355	CE2	3.7
		CB	3.5	C08	LEU352	C	3.3
C15	LEU352	CD2	3.6			CB	3.4
	PHE518	CE2	3.4			O	3.5
C16	VAL349	CG1	3.5		SER353	N	3.3
	LEU531	CG	3.7			CA	3.4
C17	VAL349	CG1	3.7	C09	VAL523	CG2	3.1
	LEU531	CD1	3.6			CG1	3.2
S01	ARG120	NH1	3.5			CB	3.4
	ALA527	CB	3.6			CA	3.5
N01	VAL116	CG2	3.7	C10	VAL523	CG1	3.5
	LEU359	CD2	3.7	C11	TYR385	OH	3.6
C21	VAL349	CG1	3.6		SER530	OG	3.6
	LEU531	CD2	3.7			CB	3.7
O01	VAL349	CG1	3.2	C12	TYR385	CE2	3.4
	LEU359	CD1	3.6			OH	3.6
	LEU531	CD2	3.3		GLY526	O	3.6
N02	VAL116	CB	3.6		SER530	CB	3.2
	ARG120	NH1	3.4			OG	3.5
	TYR355	CE2	3.4	C13	VAL349	CG2	3.4
H26	ARG120	NH1	2.4		TYR385	OH	3.4
	ARG120	CZ	3.6		SER530	OG	2.8
	TYR355	CE2	3.7			CB	3.6
		OH	3.7	C14	LEU352	CD2	3.0
O02	VAL116	CB	3.2		TYR385	OH	3.1
		CG1	3.5			CZ	3.7
	TYR355	CE2	3.2		TRP387	CH2	3.1

[125] (Z)-5-(3,5-di-tert-butyl-4-methylbenzylidene)-2-(methoxyamino)thiazol-4(5H)-one, 잠재적 conformer의 COX-2에 대한 K_D = 10.4 μM

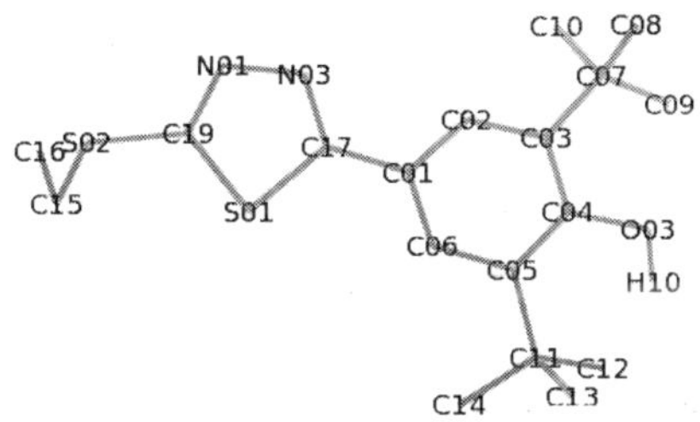

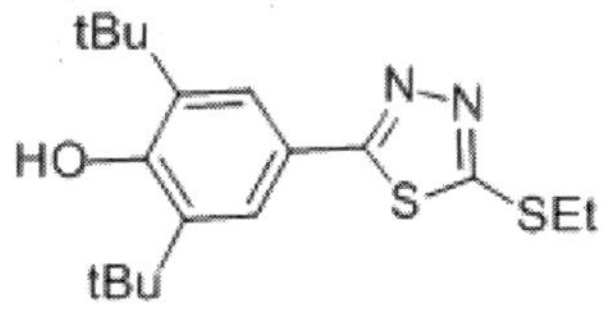

(103)

그림 103 저해제-103[126]의 원자명 표기

표 119 저해제-103과 근접한 COX-2 원자

리간드 원자	COX-2 잔기	COX-2 원자	거리(Å)	리간드 원자	COX-2 잔기	COX-2 원자	거리(Å)
C03	VAL349	CG1	3.5		PHE518	O	3.0
C04	VAL349	CG1	3.7			C	3.6
C17	SER353	CA	3.6			CB	3.7
	VAL523	CG1	3.8		VAL523	CG2	2.9
S01	LEU352	O	3.2	C07	VAL349	CG1	3.6
		C	3.6	C08	ARG120	NH1	3.7
	SER353	CA	3.7		ALA527	CB	3.1
C19	LEU352	O	3.5		LEU531	CD1	3.5
	SER353	O	3.5	C09	VAL349	CG1	3.3
		CA	3.6		LEU531	CD2	3.4
N01	HIS90	NE2	3.5			CD1	3.6
		CD2	3.5			CG	3.6
	SER353	O	3.3	C10	VAL349	CG1	3.7
		CA	3.6		TYR355	CE2	3.7
N03	SER353	CA	3.6	C12	GLY526	O	3.2
N03	TYR355	OH	3.4			C	3.3
N03		CZ	3.8		ALA527	N	3.6
N03	VAL523	CG1	3.6			CA	3.8
S02	HIS90	NE2	3.5		SER530	CB	3.4
	LEU352	O	3.7	C13	VAL349	CG2	3.6
	SER353	O	3.7		LEU352	CD2	3.5
	ALA516	CB	3.6		SER530	OG	3.8
C15	ALA516	CB	3.5	C14	LEU352	CD2	3.3
	PHE518	O	3.5		PHE518	CE2	3.7
		CB	3.6	O03	ALA527	CA	3.5
		N	3.6		SER530	OG	3.5
	VAL523	CG2	3.6			CB	3.6
C16	ARG513	CD	3.4	H10	VAL349	CG2	3.4
		NH1	3.6		SER530	OG	2.9
		CB	3.7			CB	3.2

[126] 2,6-di-tert-butyl-4-(5-(ethylthio)-1,3,4-thiadiazol-2-yl)phenol, 잠재적 conformer의 COX-2에 대한 k_D = 4.48 μM

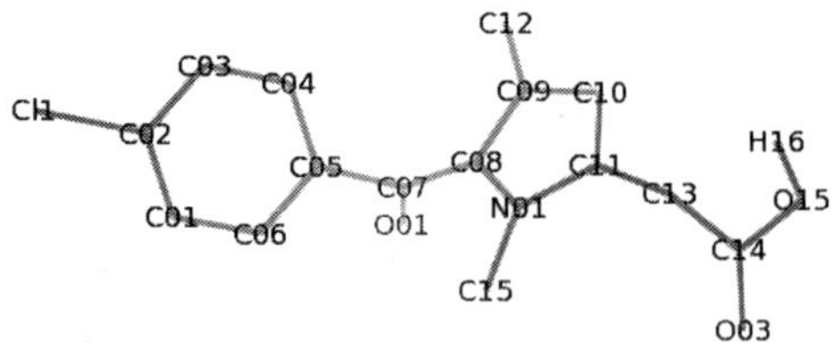

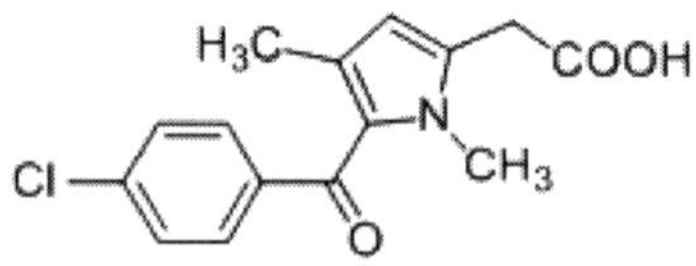

(104)

그림 104 저해제-104[127]의 원자명 표기

표 120 저해제-104와 근접한 COX-2 원자

리간드 원자	COX-2 잔기	COX-2 원자	거리(Å)	리간드 원자	COX-2 잔기	COX-2 원자	거리(Å)
C04	VAL523	CA	3.8		LEU531	CD1	3.8
C06	LEU352	CD2	3.7	C15	VAL349	CG1	3.4
C11	ALA527	CB	3.6		ALA527	CA	3.8
C01	TRP387	CH2	4.0			CB	3.8
C03	PHE518	CE2	3.8	C13	ARG120	NH1	3.6
		CD2	3.8		ALA527	CB	3.8
	MET522	O	3.6		LEU531	CD1	3.6
	VAL523	CA	3.4	H16	ARG120	NH1	3.7
		N	4.0		TYR355	CE2	3.1
		O	4.0			OH	3.8
C09	TYR355	OH	3.8			CZ	3.9
C02	PHE518	CE2	3.9	C07	VAL349	CG1	3.8
	MET522	O	4.0	O01	VAL349	CG1	3.2
	GLY526	CA	3.9			O	3.5
C10	TYR355	OH	3.3			CA	3.8
		CE2	3.7			CB	3.9
		CZ	3.7		LEU352	CB	3.2
C12	SER353	CA	3.7			CD2	3.6
		CB	3.8			CG	3.8
	TYR355	OH	3.5		SER353	N	3.9
		CZ	3.9	N01	VAL349	CG1	3.6
	VAL523	CG1	3.7		ALA527	CB	3.7
Cl1	LEU384	CD1	3.2	O03	VAL116	CG2	3.7
	TRP387	CZ2	3.4		LEU359	CD2	3.9
	MET522	O	3.4		LEU531	CD1	3.6
		CG	3.5			CD2	3.7
		SD	3.7	O15	VAL116	CG2	3.5
	GLY526	CA	3.6			CB	3.6
C08	VAL349	CG1	3.8		TYR355	CE2	3.7
C14	VAL116	CG2	3.9		LEU359	CD2	4.0

[127] 2-(5-(4-chlorobenzoyl)-1,4-dimethyl-1H-pyrrol-2-yl)acetic acid (zomiperac). 잠재적 conformer의 COX-2에 대한 k_D = 1.93 μM

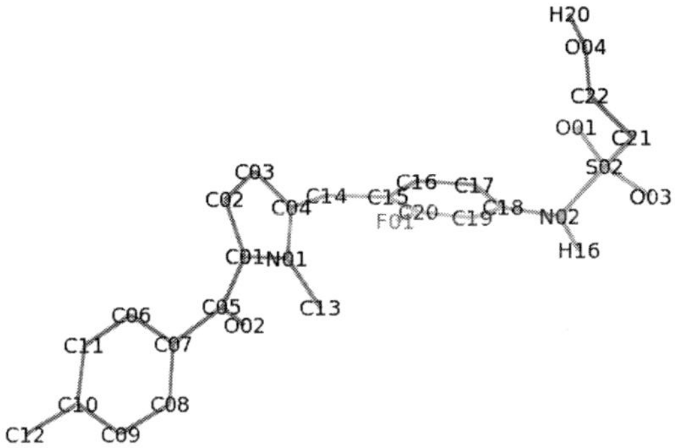

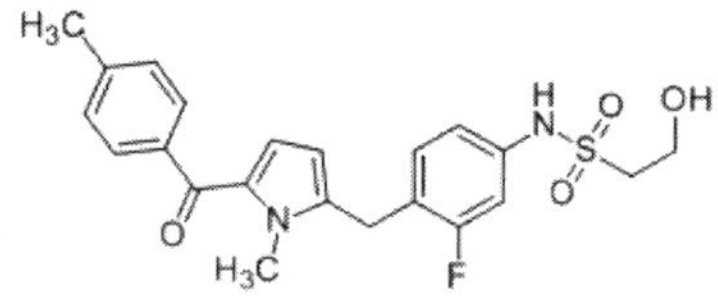

(105)

그림 105 저해제-105[128]의 원자명 표기

표 121 저해제-105와 근접한 COX-2 원자

리간드 원자	COX-2 잔기	COX-2 원자	거리(Å)	리간드 원자	COX-2 잔기	COX-2 원자	거리(Å)
C01	TYR355	CE2	3.6			CG1	3.3
N01	TYR355	CE2	3.4		TYR355	CE2	3.1
		OH	3.5	C14	SER353	CB	3.1
C03	VAL349	CG1	3.1	N02	GLY526	CA	3.4
	LEU359	CD1	3.3			C	3.5
C04	TYR355	CE2	3.4		ALA527	N	3.4
C13	ARG120	NH1	3.0	H16	MET522	O	2.8
		CZ	3.5			C	3.5
		NH2	3.5		VAL523	O	3.0
	TYR355	OH	3.2			CA	3.1
C05	VAL116	CB	3.5			C	3.4
	ARG120	NH1	3.0		GLY526	CA	2.9
O02	VAL116	O	3.3			C	3.2
		CB	3.4			N	3.4
	ARG120	NH1	2.8		ALA527	N	3.1
	LEU531	CD1	3.5	O01	LEU352	CD2	3.6
C07	VAL116	CB	3.0		TRP387	CH2	3.1
	ARG120	NH1	3.2			CZ2	3.2
C08	VAL116	CB	3.3		PHE518	CE2	3.1
	ARG120	NH1	2.8	O03	LEU384	CD1	3.4
C09	TYR115	CE2	3.5		TRP387	CZ2	3.5
C10	LEU93	CD2	3.3		MET522	O	3.3
	VAL116	CG1	3.5			CG	3.5
C11	LEU93	CD2	3.3	C22	SER530	CB	3.5
		CG	3.5	O04	TYR385	OH	2.7
	VAL116	CG1	3.2			CZ	3.4
C12	LEU93	CD2	3.2		TRP387	CH2	3.6
		CD1	3.5	H20	TYR348	CE2	3.3
	TYR115	CE2	3.4		TYR385	OH	2.5
C06	VAL116	CB	3.3			CZ	3.5

[128] N-(3-fluoro-4-((1-methyl-5-(4-methylbenzoyl)-1H-pyrrol-2-yl)methyl)phenyl)-2-hydroxyethane-1-sulfonamide, 잠재적 conformer의 COX-2에 대한 k_D = 0.83 μM

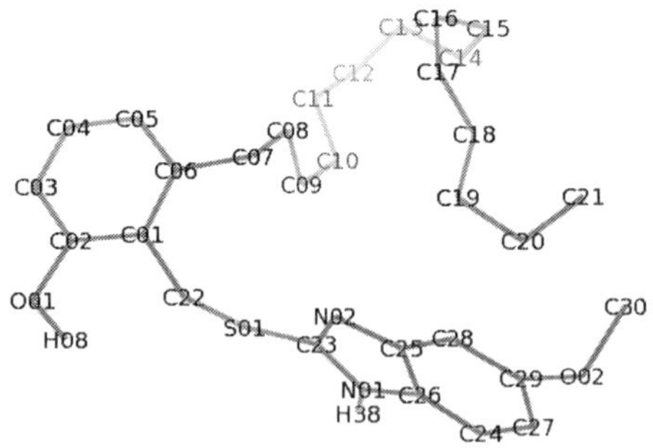

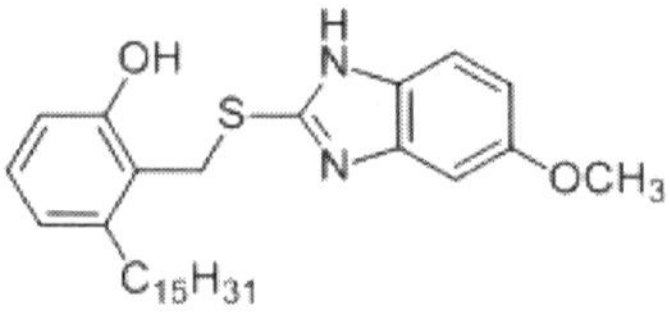

(106)

그림 106 저해제-106[129]의 원자명 표기

표 122 저해제-106과 근접한 COX-2 원자

리간드 원자	COX-2 잔기	COX-2 원자	거리(Å)	리간드 원자	COX-2 잔기	COX-2 원자	거리(Å)
C01	LEU352	O	3.5		LEU531	CD2	3.3
	SER353	CA	3.4	O01	HIS90	NE2	2.4
C04	LEU352	O	3.4			CD2	3.0
	ILE517	CG2	3.3			CE1	3.3
	PHE518	CD2	3.1		SER353	O	3.3
C05	LEU352	O	3.2	H08	HIS90	NE2	2.3
	PHE518	CD2	2.8			CD2	2.4
		CE2	3.3			CE1	3.4
C06	LEU352	O	3.2			CG	3.5
		C	3.5		SER353	O	3.5
C22	SER353	CA	3.2		ARG513	NH1	3.3
	TYR355	OH	3.5	C09	VAL523	CA	3.5
S01	TYR355	OH	3.4	C10	VAL523	CA	3.4
	VAL523	CG1	2.5	C11	PHE518	CE2	3.4
C23	TYR355	OH	3.1	C12	MET522	O	3.5
N01	ARG120	NH1	3.4		GLY526	CA	3.4
	TYR355	OH	3.3	C13	TRP387	CZ2	3.1
C26	ARG120	NH1	3.5			CH2	3.5
H38	ARG120	NH2	2.7	C14	GLY526	O	3.3
		NH1	2.8			C	3.5
		CZ	2.9	C15	TYR385	OH	3.3
	TYR355	OH	3.5		SER530	CB	3.4
	ALA527	CB	3.3			OG	3.4
C24	ARG120	NH1	3.0	C16	LEU352	CD2	3.4
N02	SER353	CB	3.5	C18	SER530	OG	3.4
C28	VAL349	CG1	3.2			CB	3.5
C27	LEU531	CD1	3.3	C21	VAL349	CG2	3.4
O02	LEU359	CD2	3.0		SER530	OG	3.2
		CD1	3.3		LEU531	CD2	3.4
C30	LEU359	CD1	3.4			CG	3.5

[129] 2-(((5-methoxy-1H-benzo[d]imidazol-2-yl)thio)methyl)-3-pentadecylphenol, 잠재적 conformer의 COX-2에 대한 k_D = 1.93 μM

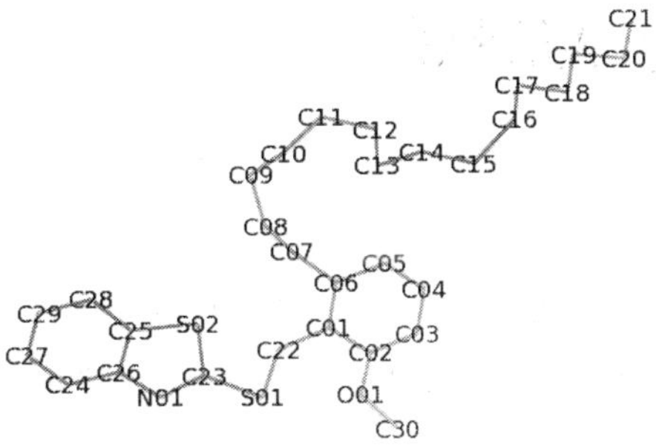

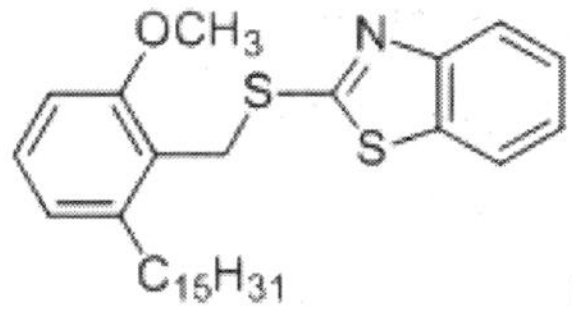

(107)

그림 107 저해제-107[130]의 원자명 표기

표 123 저해제-107과 근접한 COX-2 원자

리간드 원자	COX-2 잔기	COX-2 원자	거리(Å)	리간드 원자	COX-2 잔기	COX-2 원자	거리(Å)
C01	ALA527	CB	3.3		ALA527	N	3.5
C02	ALA527	CB	3.3	C09	MET522	O	3.6
C03	LEU531	CG	3.6	C12	TYR385	OH	3.4
C04	VAL349	CG1	3.6			CE2	3.5
	SER530	OG	3.4		SER530	CB	3.5
C22	VAL523	CG1	3.5	C13	TYR385	OH	3.5
	ALA527	CB	3.6	C14	TYR348	CE2	3.0
S01	SER353	CB	3.3			CD2	3.6
		CA	3.7		TYR385	OH	2.7
	TYR355	OH	3.4	C15	VAL349	CG2	3.3
		CZ	3.6		TYR385	OH	3.4
C23	SER353	CA	3.3		SER530	OG	2.6
C26	VAL523	CG2	3.4			CB	3.6
C25	LEU352	O	3.4	C16	PHE205	CE2	3.4
	VAL523	CG2	3.5		TYR385	OH	3.0
C24	HIS90	NE2	3.0		SER530	OG	3.2
		CD2	3.5	C17	PHE205	CE2	3.5
	ARG513	NH1	3.4		TYR385	OH	3.2
	VAL523	CG2	3.6		SER530	OG	3.1
S02	LEU352	O	3.5	C18	PHE205	CE2	3.5
		C	3.7			CZ	3.6
	SER353	CA	3.6		SER530	OG	3.2
C28	LEU352	O	3.6			O	3.6
	PHE518	CD2	3.2	C19	PHE209	CZ	3.3
C29	ALA516	CB	3.4		PHE381	CE2	3.5
	PHE518	N	3.4			CZ	3.5
		CB	3.5	C20	SER530	O	3.5
		O	3.6		GLY533	CA	3.5
C27	ALA516	CB	3.2	C21	PHE209	CE2	3.5
C08	VAL523	O	3.5		GLY533	CA	3.4

130 2-((2-methoxy-6-pentadecylbenzyl)thio)benzo[d]thiazole, 잠재적 conformer의 COX-2에 대한 K_D = 1.16 μM

5. 이중역할 저해제

5.1 일반적 특성

COX를 포함하여 아라키돈산 대사와 관련된 효소를 함께 저해하는 물질 개발은 여러 방향에서 시도되고 있다. COX, LOX, cytochrome P450 과정들의 상호연관성에 대한 이해는 이중역할 저해제를 통한 항염증제 개발 접근을 뒷받침한다. COX/5-LOX에 대한 저해제에는 di-*tert*-butylphenol 계열이 오랜 역사를 갖고 있으며, dabufelone[131]이나 tebufelone[132]이 예에 속한다[90, 91]. 일부 이중역할 저해제에서는 (licofelone[133])COX에 대한 저해능 보다 downstream 효소인 mPGES-1에 대한 특이적인 저해를 통해 PGE_2 생성을 조절한다[92].

5.2 결정구조상의 결합 특이성

Fatty acid amide hydrolase (FAAH)는 anandamide나 oleamide를 포함하는 lipid amide를 가수분해하는 효소이다[93, 94]. 이 효소의 저해제로는 aryl carbamate와 urea 계열과 α-keto 헤테로고리를 기반으로 한 물질을 들 수 있다. 전자는 FAAH의 활성부위에 있는 serine 잔기를 비가역적으로 acyl화 하며, 후자는 가역적인 hemiketal 형성을 통해 저해능을 보인다. 저해제나 기질 결합의 타겟이 되는 FAAH의 주요부위에는 활성부위와 막연결부를 연결하는 membrane access channel (MAC), 활성부위에서 촉매작용으로 생산된 물질의 출로가 통로부위, 기질의 acyl 사슬과의 상호작용에 관여하는 acyl chain-binding pocket (ABP)가 존재한다[95].

α-Keto 헤테로고리 저해제의 phenhexyl 사슬은 소수성 통로를 이루는 잔기와 주요 상호작용을 형성한다. 유효한 van der Waals 상호작용에 관여하는 잔기에는 Tyr194, Phe244, Thr377, Leu380, Leu404, Phe432, Thr488, Val491를 들 수 있다. Phenyl기의 π-system은 Phe381/Phe432의 aryl 고리 수소와 CH-π형 상호작용을 형성한다. 친전자성 carbonyl기의 Ser241 공격으로 형성된 정사면체 hemiketal은 Ile238, Gly239, Gly240, Ser241의 골격 amide N-H 그룹, Asp237, Arg243, Asn498의 곁사슬에 의해 정의되는 oxyanion hole에서 상호작용을 형성한다. Oxazole C5 치환기인 2-pyridyl-6-carboxylic acid는 FAAH의 선택성과 내제적 수용성 증가를 수반한다. Pyridyl 질소는 oxazole aryl CH 쪽으로 향하며, 물을 매개로 하는 Thr236과의 수소결합을 이룬다.

수용성 epoxide hydrolase (sEH)는 lipid epoxide 기질을 가수분해하여 epoxide 고리가 열리면서 염증과정에 관여하는 diol 물질을 생성한다[96, 97]. 촉매반응에는 Tyr381, Tyr465가

---

[131] (5Z)-2-amino-5-[(3,5-ditert-butyl-4-hydroxyphenyl)methylidene]-1,3-thiazol-4-one
[132] 1-(3,5-ditert-butyl-4-hydroxyphenyl)hex-5-yn-1-one
[133] 2-[2-(4-chlorophenyl)-6,6-dimethyl-1-phenyl-5,7-dihydropyrrolizin-3-yl]acetic acid

산-촉매제로 작용하며, Asp381의 친핵성 공격으로 alkyl 중간체가 형성된다. 촉매활성부위가 위치한 C-말단 domain은 경쟁적 저해제의 타겟이 되며 haloalkane dehalogenase와 유사한 α/β fold이다[98].

Alkyl urea인 저해제-109는 C-말단 domain에 결합하며, urea 산소와 Tyr381/Tyr465, urea NH와 Asp333의 수소결합에 의해 안정화된다. N-cyclohexyl 그룹은 Trp334, Met337, Leu498와 N'-iodophenyl 치환기는 Phe265, Tyr381, Leu406, Val497, Trp524와 van der Waals 상호작용 거리에 있다. Met337은 활성부위 통로의 한쪽을 제한하여 CIU의 bulky한 iodophenyl 치환기가 결합하는 것을 막는다.

Leukotriene A4 hydrolase (LTA4H)는 N-말단 Arg의 tripeptide에 높은 친화력을 나타내는 M1 aminopeptidase이며, lipid mediator인 LTB4의 형성을 촉매한다[99, 100]. LTA4H는 N-말단 domain, 촉매 domain, C-말단 domain으로 구성되며 domain 간의 interface에 활성부위가 존재한다. Zinc 결합부위의 좁은 공간에서 촉매 domain 쪽으로 통로를 형성한다. 공간의 입구는 극성 환경인데 반해 통로는 비극성을 띤다.

저해제-110은 기질인 tripeptide와 대부분의 결합모드를 공유한다[101]. 결합형태는 확장된 β-구조로 N-말단은 Glu271과 C-말단은 Arg563과의 수소결합으로 고정되어 있다. 추가적으로 N-말단은 Gln136, Glu318과 수소결합을 형성하며, 저해제의 carbonyl 산소는 Gly268의 골격 질소와, peptide 결합의 질소는 Tyr378의 수산기와 결합한다. Phosphinic 그룹은 bidentate 형태로 zinc와 결합하며, 결합하는 산소와 zinc 사이의 거리는 2.0 Å 이다. 나머지 산소는 Glu296와 수소결합을 형성한다. P1의 Phe 곁사슬은 Gln136, Tyr267, Tyr378, Phe314와 상호작용하며, P1′의 Phe는 His295와 이웃하고 있다.

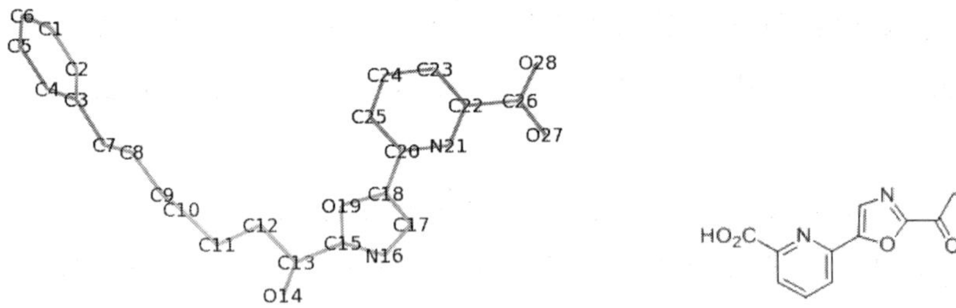

(108)

그림 108 저해제-108[134]의 원자명 표기

표 124 저해제-108과 근접한 FAAH 원자

리간드 원자	FAAH 잔기	FAAH 원자	거리(Å)	리간드 원자	FAAH 잔기	FAAH 원자	거리(Å)
C1	THR488	CG2	3.7		ILE238	N	3.7
C5	PHE381	CE2	3.8		SER241	OG	2.4
	PHE432	CE1	3.8			CB	2.9
C6	PHE381	CE2	3.7	N16	LYS142	NZ	3.4
C10	SER193	C	3.7		MET191	O	3.8
C11	SER193	O	3.7		SER217	OG	2.8
	SER241	OG	2.9		THR236	OG1	3.6
C12	MET191	O	3.6			O	3.7
	SER193	O	3.8		SER241	OG	3.0
	SER241	OG	2.4			CB	3.0
		CB	3.7	C17	SER217	OG	3.6
C13	SER217	OG	3.8		THR236	OG1	3.5
	SER241	OG	1.4	C18	MET191	O	3.5
		CB	2.3		ILE238	CG2	3.8
		CA	3.4	O19	MET191	O	3.3
		N	3.4		ILE238	CG2	3.2
O14	ASP237	CA	3.6			CB	3.8
		C	3.6		SER241	OG	3.6
	ILE238	N	2.7	C23	CYS269	SG	3.6
		CA	3.6	C24	PHE192	CD1	3.7
		C	3.6	C25	ILE238	CG2	3.7
	GLY239	N	2.8	C26	CYS269	N	3.6
		CA	3.7	O27	MET191	CE	3.5
	GLY240	N	3.3		GLY268	CA	3.5
	SER241	OG	2.3		LEU278	CD2	3.8
		CB	2.6	O28	GLY268	CA	3.6
		N	2.7			C	3.7
		CA	3.2		CYS269	N	2.9
C15	MET191	O	3.4		VAL270	N	3.2
	SER217	OG	3.3			O	3.4

[134] 6-(2-(7-phenylheptanoyl)oxazol-5-yl)picolinic acid

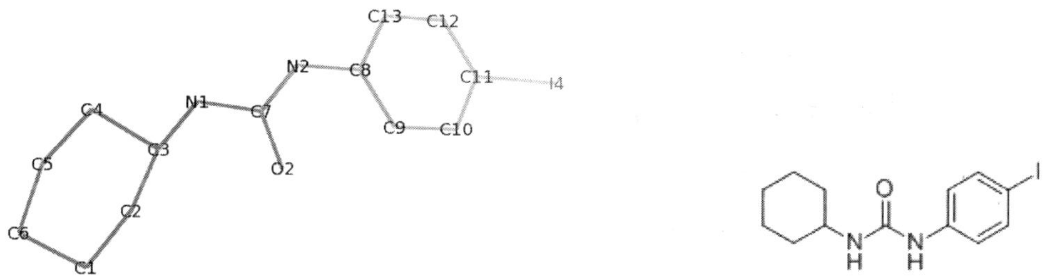

(109)

그림 109 저해제-109[135]의 원자명 표기

표 125 저해제-109와 근접한 sEH 원자

리간드 원자	sEH 잔기	sEH 원자	거리(Å)	리간드 원자	sEH 잔기	sEH 원자	거리(Å)
C1	GLN 382	OE1	3.5			CE2	3.8
N1	ASP 333	OD2	2.8			CE3	4.0
		CG	3.4		MET 337	CE	3.7
		OD1	3.4	C6	MET 337	CE	3.4
C2	TYR 381	OH	3.9	C7	ASP 333	OD2	3.0
	GLN 382	OE1	3.7			OD1	3.7
N2	ASP 333	OD2	2.7			CG	3.8
		OD1	3.4		TYR 381	OH	3.4
		CG	3.4		TYR 465	OH	3.4
	TYR 465	OH	3.5	C8	ASP 333	OD2	3.8
O2	TYR 381	OH	2.5		TYR 465	OH	3.4
		CZ	3.5	C9	TYR 381	CE1	3.2
		CE1	3.6			OH	3.5
	TYR 465	OH	3.1			CZ	3.5
		CE1	3.5		TYR 465	OH	3.0
		CZ	3.7	C10	TYR 381	CE1	3.5
C3	ASP 333	OD2	4.0			CD1	3.8
	TRP 334	NE1	3.7			CZ	4.0
		CD1	4.0		TYR 465	OH	3.8
C4	ASP 333	C	4.0	C12	PHE 265	O	3.9
	TRP 334	N	3.8		TRP 524	CH2	3.8
		CA	4.0	C13	PHE 265	O	3.6
		CG	4.0		HIS 523	NE2	3.6
		CD2	4.0	I4	LEU 406	CD2	3.2
		CD1	4.0		MET 418	CE	3.7
C5	TRP 334	CD2	3.8		LEU 427	CD2	3.8

[135] 1-cyclohexyl-3-(4-iodophenyl)urea

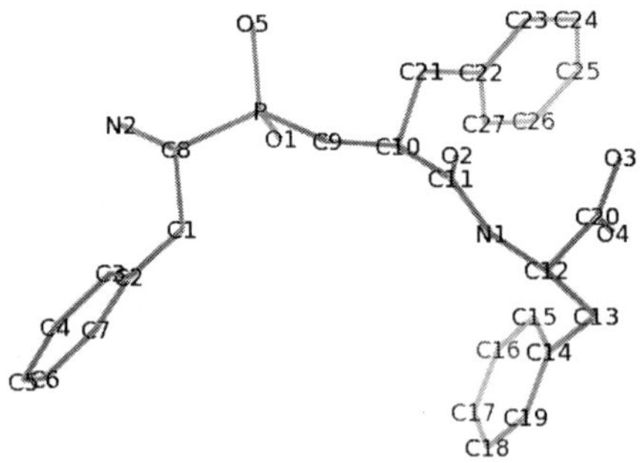

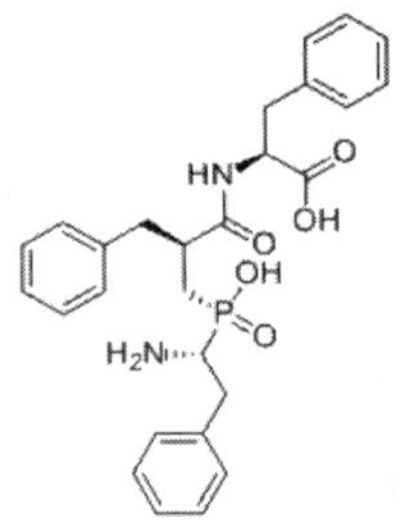

(110)

그림 110 저해제-110[136]의 원자명 표기

표 126 저해제-110과 근접한 LTA4H 원자

리간드 원자	LTA4H 잔기	LTA4H 원자	거리(Å)
C1	TYR 383	OH	3.2
N1	TYR 378	OH	3.6
O1	HIS 295	NE2	3.2
	GLU 318	OE1	2.9
		OE2	3.1
		CD	3.2
	TYR 383	OH	2.7
		CE2	3.3
		CZ	3.4
C2	GLN 136	OE1	3.5
N2	GLN 136	OE1	2.9
	GLU 271	OE1	2.7
		OE2	3.1
		CD	3.2
	GLU 318	OE2	3.2
O2	GLY 268	N	2.8
		CA	3.5
	GLY 269	N	3.6
C3	TYR 267	CZ	3.5
O3	ARG 563	NH2	2.7
		NE	3.5
		CZ	3.6
C4	GLN 136	O	3.4
	TYR 267	OH	3.2
		CZ	3.3
		CE1	3.5
O4	GLY 268	N	3.0
	ARG 563	NE	2.7
		NH2	3.5
		CG	3.5

리간드 원자	LTA4H 잔기	LTA4H 원자	거리(Å)
		CZ	3.6
	LYS 565	CB	3.5
C5	GLN 136	O	3.3
		C	3.4
	ALA 137	N	3.5
	TYR 267	OH	3.6
O5	GLY 269	O	3.6
	GLU 271	OE1	3.1
	GLU 296	OE2	2.4
		OE1	3.1
		CD	3.1
	HIS 299	CD2	3.4
		NE2	3.4
C7	GLN 136	CD	3.6
C8	GLU 271	OE1	3.5
C9	GLY 269	O	3.2
C16	TYR 383	CD1	3.5
		CE1	3.5
C17	SER 379	C	3.4
		O	3.4
	SER 380	N	3.4
		CA	3.5
	TYR 383	CE1	3.5
		CD1	3.6
C18	TYR 378	CE2	3.4
C20	GLY 268	N	3.4
	ARG 563	NH2	3.5
		NE	3.5
C21	GLU 296	OE2	3.4
C24	ASN 291	ND2	3.6

[136] ((S)-3-((R)-((R)-1-amino-2-phenylethyl)(hydroxy)phosphoryl)-2-benzylpropanoyl)-L-phenylalanine

5.3 Docking상의 잠재적 결합모드

5.3.1 이중저해제

FAAH 특이적 저해제인 URG597[137]과 COX 저해제인 indomethacin이나 diclofenac을 동시에 투여한 동물실험에서 상승효과와 부작용 경감에 착안한 이중 저해제-111은 carbazole 고리의 질소에 치환기를 도입하여 시험한 예이다. Anandamide가 FAAH에 의해 가수분해되어 아라키돈산이 생성되면 이는 COX의 기질인 점은 두 효소의 촉매부위의 공통성을 예견할 수 있다.

아라키돈산은 COX와 lipoxygenase (LOX) 과정 이외에 cytochrome P450 대사가 관여하는 제 3의 과정에서 20-hydroxyeicosatetranoic acid와 epoxy-eicosatrienoic acid (EET)로 전환된다. EET는 sEH에 의해 dihydroxyeicosatrienic acid (DHET)로 전환된다. sEH의 저해제로는 urea의 두 질소가 모두 치환된 t-AUCB[138]가 존재한다. Celecoxib의 1,5-diarypyrazole 그룹에 치환된 urea를 도입한 저해제-112는 pyrazole 고리의 3번 위치가 COX-2와의 결합에서 입체적 제한을 거이 받지 않는 점을 이용한 사례이다.

LTA4H에 기질이 결합하는 부위는 좁고 긴 통로로 대부분의 저해제도 긴 사슬을 포함한 구조를 가진다. 저해제-113은 LTA4H 저해제인 5z[139]에 COX-2 저해제인 nimesulide를 융합한 형태이다. 말단 phenyl 고리의 ortho-위치에 NO2나 CF3 치환기의 도입은 COX-2의 저해능과 선택성을 증가시킨다.

표 127 COX-2/COX-1에 대한 (111)-(113)의 선택적 저해[102-104]

저해제	IC_{50} (μM)	
	COX-2	COX-1
111	3.9	22.3
112	1.3	> 100
113	7.7	61

[137] cyclohexyl carbamic acid 3′-carbamoylbiphenyl-3-yl ester
[138] 4-(4-(3-adamantan-1-ylureido)cyclohexyloxy)benzoic acid
[139] 1-(2-(4-phenoxyphenoxy)ethyl)pyrrolidine

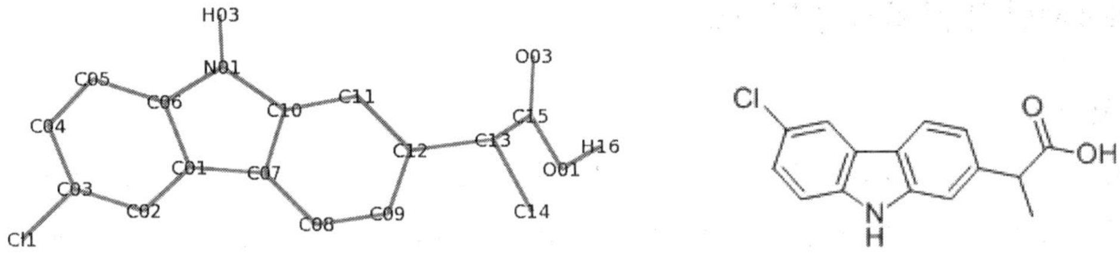

(111)

그림 111 저해제-111[140]의 원자명 표기

표 128 저해제-111과 근접한 COX-2 원자

리간드 원자	COX-2 잔기	COX-2 원자	거리(Å)	리간드 원자	COX-2 잔기	COX-2 원자	거리(Å)
N01	LEU352	CG	3.6		PHE518	O	3.6
		CB	3.7		VAL523	CG2	3.6
	PHE518	CE2	3.7	O03	ARG513	CD	3.6
C03	VAL349	CG1	3.5			CB	3.7
C05	LEU352	CD2	3.7		PHE518	O	2.8
C08	SER353	CA	3.7			C	3.4
	TYR355	OH	3.5			CB	3.5
	VAL523	CG1	3.5		VAL523	CG2	3.1
C09	SER353	O	3.6	O01	GLN192	OE1	3.2
		CA	3.7		ALA516	CB	3.1
C11	LEU352	O	3.3		ILE517	N	3.3
	VAL523	CG2	3.7			CG2	3.4
C12	LEU352	O	3.6		PHE518	N	3.0
	VAL523	CG2	3.6			CB	3.5
Cl1	ALA527	CA	3.7			O	3.6
		CB	3.7			CA	3.7
	LEU531	CG	3.6	H16	GLN192	OE1	3.7
H03	LEU352	CG	2.9		ALA516	CB	2.9
		CD2	3.2			C	3.4
		CB	3.5			CA	3.7
	PHE518	CE2	2.8		ILE517	N	2.9
		CD2	3.2			C	3.2
C13	HIS90	NE2	3.4			CG2	3.4
C14	HIS90	NE2	3.5			CA	3.5
	GLN192	OE1	3.2		PHE518	N	2.2
	LEU352	O	3.1			O	2.8
	SER353	O	3.0			CA	2.9
		C	3.6			CB	3.0
	ALA516	CB	3.6			C	3.2
C15	ALA516	CB	3.4			CG	3.7

140 2-(6-chloro-9H-carbazol-2-yl)propanoic acid, 잠재적 conformer의 COX-2/FAAH에 대한 k_D = 0.25 μM/0.59 μM

표 129 저해제-111과 근접한 FAAH 원자

리간드 원자	FAAH 잔기	FAAH 원자	거리(Å)	리간드 원자	FAAH 잔기	FAAH 원자	거리(Å)
C01	THR488	CG2	3.8	C13	GLY239	CA	3.9
N01	ILE491	CD1	3.6	C14	SER193	C	4.0
C02	THR488	OG1	3.5			O	4.0
		CG2	3.6		PHE194	CB	3.5
C03	LEU404	CD1	3.8			N	3.9
	MET436	CE	4.1		PHE244	CE2	3.9
	THR488	CG2	3.6	C15	MET191	O	3.9
		OG1	3.7		SER193	N	4.1
C04	PHE432	CD2	4.0		SER241	OG	3.5
	MET436	CE	3.6	O03	MET191	O	3.8
		SD	3.9		ILE238	CG2	3.4
	THR488	CG2	3.7		GLY239	N	3.9
C05	PHE381	CE2	3.7		SER241	OG	3.8
	PHE432	CE2	3.8	O01	MET191	O	3.0
		CD2	3.9		LEU192	C	4.1
	THR488	CG2	3.9		SER193	O	2.9
C06	THR488	CG2	3.9			N	3.2
C08	LEU192	O	3.9			C	3.4
C09	LEU192	C	4.0			CA	3.9
	SER193	N	3.7		SER241	OG	3.0
		CA	3.7	H16	MET191	O	2.6
		C	3.9			C	3.8
	PHE194	N	4.0		SER193	O	3.2
C10	ILE491	CD1	3.8			N	3.7
C11	ILE491	CD1	4.0			C	4.0
Cl1	LEU404	CD1	3.5		SER217	OG	3.4
	MET436	CE	3.9			CB	3.5
	THR488	OG1	3.7			N	3.9
H03	LEU380	CD1	3.6		SER241	OG	2.4
	ILE491	CD1	3.4			CB	3.8

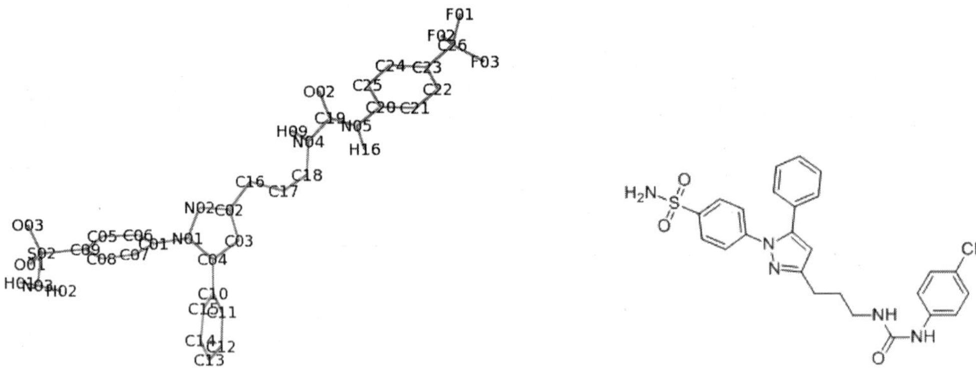

(112)

그림 112 저해제-112[141]의 원자명 표기

표 130 저해제-112와 근접한 COX-2 원자

리간드 원자	COX-2 잔기	COX-2 원자	거리(Å)	리간드 원자	COX-2 잔기	COX-2 원자	거리(Å)
C08	TYR355	CE2	3.4			CZ	3.5
C06	ALA527	CB	3.3	C24	PHE209	CZ	3.3
C03	LEU352	CD2	3.4		PHE381	CE2	2.8
C17	LEU352	CD2	3.3			CZ	3.4
	TYR385	OH	3.2	C25	PHE209	CZ	3.4
C18	TYR385	OH	2.9		PHE381	CE2	2.6
	SER530	OG	3.0			CZ	2.6
	SER530	CB	3.3	F01	PHE209	CD2	2.8
N04	TYR385	OH	2.8			CG	3.1
	SER530	OG	2.8			CE2	3.2
C19	TYR385	OH	3.3		GLY227	CA	3.1
	SER530	OG	2.7		ILE377	CD1	3.0
O02	PHE205	CE2	3.2	F02	GLY227	CA	3.2
	VAL344	CG1	2.8			C	3.4
	SER530	OG	3.4		VAL228	CG2	2.9
N05	SER530	OG	2.8			N	3.0
		CB	3.3	F03	ASN375	ND2	2.7
H16	PHE381	CZ	2.8	C11	VAL523	CG1	3.4
	TYR385	CE2	3.2	C14	LEU352	O	3.3
		OH	3.3	O01	VAL116	CG2	3.3
	SER530	OG	3.0			CB	3.4
		CB	3.1		LEU531	CD1	3.4
		CA	3.4	O03	TYR355	CE2	3.3
H09	TYR348	CE2	2.8		LEU359	CD2	3.3
		CD2	3.1	N03	VAL116	CG2	3.3
	VAL349	CG2	3.3	H01	LEU531	CD1	2.9
	TYR385	OH	3.1			CG	3.3
	SER530	OG	3.5	H02	MET113	CE	3.0
C21	PHE205	CZ	3.2		VAL116	CG2	2.5
C23	PHE209	CE2	3.3		LEU359	CD2	3.1

[141] 4-(5-phenyl-3-(3-(3-(4-(trifluoromethyl)phenyl)ureido)propyl)-1H-pyrazol-1-yl)benzenesulfonamide, 잠재적 conformer의 COX-2/sEH에 대한 k_D = 0.98 μM/0.83 μM

표 131 저해제-112와 근접한 sEH 원자

리간드 원자	sEH 잔기	sEH 원자	거리(Å)	리간드 원자	sEH 잔기	sEH 원자	거리(Å)
C01	VAL 497	CG1	3.7		SER 372	CB	3.4
C07	HIS 523	CD2	3.3		ILE 373	CG1	3.2
		CG	3.6	F03	PRO 369	O	3.3
	TRP 524	CZ2	3.5			CB	3.3
C08	TRP 524	CZ2	3.6			CA	3.4
C05	VAL 497	CG1	3.7			C	3.6
C06	VAL 497	CG1	3.2		ILE 373	CG1	3.5
		CB	3.6			CD1	3.6
N02	VAL 497	CG1	3.1	C12	PHE 385	CZ	3.2
		CG2	3.4	C13	PHE 265	CE1	3.5
C02	ASP 333	OD2	3.4		LEU 406	CD2	3.5
	TYR 381	OH	3.3	C14	PHE 265	CE1	3.6
C03	TYR 465	OH	3.1		LEU 406	CD1	3.4
C16	ASP 333	OD2	3.1			CD2	3.6
	TYR 381	OH	3.2	O01	VAL 415	CB	3.6
C17	ASP 333	OD2	3.4	N03	VAL 415	CB	3.6
	TYR 381	OH	3.5		LEU 416	O	2.9
	TYR 465	OH	3.5			N	3.2
C18	TYR 381	OH	3.2	H01	VAL 415	CB	3.2
	GLN 382	OE1	3.6			C	3.3
N05	GLN 382	OE1	3.1			CG2	3.6
H16	TRP 334	CZ2	3.6		LEU 416	O	2.2
	GLN 382	OE1	2.9			N	2.9
		CD	3.4			C	3.1
		NE2	3.6			CA	3.4
H09	LEU 498	CD2	3.5	H02	LEU 416	O	2.9
C20	GLN 382	OE1	3.5			CB	3.5
C25	PHE 379	CE2	3.5			N	3.6
	GLN 382	OE1	3.5			C	3.7
F02	PRO 369	O	3.5		MET 418	SD	3.5

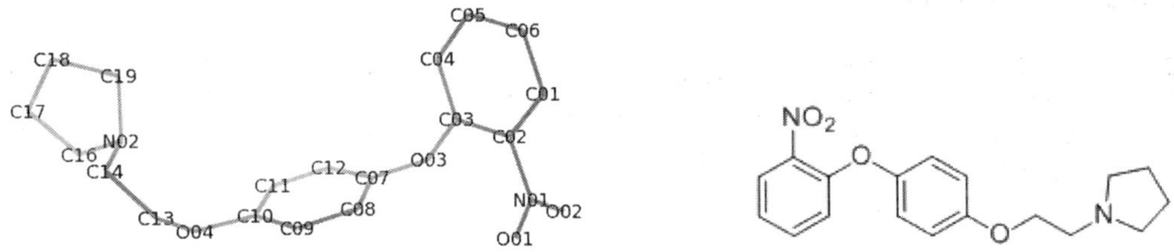

(113)

그림 113 저해제-113[142]의 원자명 표기

표 132 저해제-113과 근접한 COX-2 원자

리간드 원자	COX-2 잔기	COX-2 원자	거리(Å)
C01	TYR 385	CE2	3.4
	GLY 526	O	3.6
	SER 530	CB	3.7
C03	LEU 352	CD2	3.8
	TRP 387	CH2	3.8
C04	TRP 387	CZ2	3.4
		CH2	3.8
	PHE 518	CE2	3.5
C05	LEU 384	CD1	3.3
	TRP 387	CZ2	3.4
	GLY 526	CA	3.4
C06	PHE 381	CE1	3.6
	LEU 384	CD1	3.5
	TYR 385	CE2	3.5
		CD2	3.8
	GLY 526	CA	3.4
		O	3.6
		C	3.7
N01	SER 530	OG	3.6
	SER 530	CB	3.9
O01	TYR 348	CE2	3.5
	VAL 349	CG2	3.6
	LEU 352	CD2	3.5
	TYR 385	OH	3.3
	SER 530	OG	3.8
O02	VAL 349	CG2	3.5
	SER 530	OG	3.2
		CB	3.5
O03	LEU 352	CD2	3.1
		CG	3.6
	PHE 518	CE2	3.5
C09	VAL 523	CG1	3.1
		O	3.7
	ALA 527	CB	3.7
C10	VAL 523	CG1	3.7
C11	SER 353	CA	3.7
		CB	3.7
C12	LEU 352	CB	3.5
		CG	3.8
		CD2	3.8
O04	TYR 355	OH	3.1
		CZ	3.6
	VAL 523	CG1	3.9
C13	ARG 120	NH1	3.6
	TYR 355	OH	3.2
	ALA 527	CB	3.8
C14	ARG 120	NH1	3.6
	TYR 355	CE2	3.5
		OH	3.5
N02	ARG 120	NH1	3.5
	LEU 531	CD1	3.7
C16	LEU 531	CD1	3.5
C17	VAL 349	CG1	3.3
	LEU 531	CD2	3.7
C18	VAL 116	CG2	3.6
	LEU 359	CD2	3.7
	LEU 531	CD1	3.8
C19	VAL 116	CG2	3.5
		CB	3.9
	LEU 531	CD1	3.3

142 1-(2-(4-(2-nitrophenoxy)phenoxy)ethyl)pyrrolidine, 잠재적 conformer의 COX-2/LTA4H에 대한 k_D = 1.4 μM/0.25 μM

표 133 저해제-113과 근접한 LTA4H 원자

리간드 원자	LTA4H 잔기	LTA4H 원자	거리(Å)	리간드 원자	LTA4H 잔기	LTA4H 원자	거리(Å)
C01	TYR 383	CD2	3.8	C14	GLN 136	OE1	3.1
C04	TYR 378	OH	3.8			CD	3.7
C05	TYR 383	CD1	3.9	N02	TYR 267	CD2	3.8
		CG	3.9	C16	GLN 134	OE1	3.6
C06	TYR 383	CG	3.6		GLN 136	OE1	3.7
		CD2	3.7		TYR 267	CE1	3.6
		CB	3.9			CZ	3.7
O01	HIS 295	ND1	3.6			CD1	3.7
		CE1	3.9			CG	3.8
	GLU 325	OE1	3.9			CE2	3.8
C07	TYR 378	OH	3.9			CD2	3.8
C08	HIS 295	NE2	3.7		MET 270	SD	3.6
	TYR 383	CE2	3.5	C17	GLN 134	OE1	3.4
		OH	3.7		GLN 136	CB	3.4
C09	HIS 295	NE2	3.4			OE1	3.5
		CD2	3.7			O	3.6
	GLU 296	OE2	3.9			CG	3.7
	TYR 383	OH	3.4			CD	3.7
		CE2	3.8			C	3.9
C10	GLY 269	O	3.5		TYR 267	CZ	3.7
	TYR 383	OH	3.7			CE1	3.8
C11	TYR 267	CD2	3.7			OH	3.8
		CB	3.9	C18	TYR 267	OH	3.7
	GLY 269	O	3.5			CZ	3.8
	TYR 378	OH	3.5	C19	TYR 267	CE2	3.5
C12	TYR 378	OH	3.5			CZ	3.8
O04	GLY 269	O	3.1			CD2	3.9
C13	GLU 271	OE1	3.4		TYR 378	CE1	3.3
	GLU 318	OE2	3.5			CZ	3.4
	TYR 383	OH	3.8			OH	3.5

부록: COX 및 관련효소의 아미노산서열

A. COX-2[143]& COX-1[144]

```
  1 ML-------FRAVLL--------CAALGLSQAANPCCSNPCQNRGECMSTGFDQYKCDCT| COX-2
  1 MSRQSISLRFPLLLLLLSPSPVFSADPGAPAPVNPCCYYPCQHQGICVRFGLDRYQCDCT| COX-1

 46 RTGFYGENCTTPEFLTRIKLLLKPTPNTVHYILTHFKGVWNIVNNIPFLRSLIMKYVLTS| COX-2
 61 RTGYSGPNCTIPEIWTWLRTTLRPSPSFIHFLLTHGRWLWDFVNAT-FIRDTLMRLVLTV| COX-1

106 RSYLIDSPPTYNVHYGYKSWEAFSNLSYYTRALPPVADDCPTPMGVKGNKELPDSKEVLE| COX-2
120 RSNLIPSPPTYNIAHDYISWESFSNVSYYTRILPSVPRDCPTPMDTKGKKQLPDAEFLSR| COX-1

166 KVLLRREFIPDPQGSNMMFAFFAQHFTHQFFKTDHKRGPGFTRGLGHGVDLNHIYGETLD| COX-2
180 RFLLRRKFIPDPQSTNLMFAFFAQHFTHQFFKTSGKMGPGFTKALGHGVDLGHIYGDNLE| COX-1

226 RQHKLRLFKDGKLKYQVIGGEVYPPTVKDTQVEMIYPPHIPENLQFAVGQEVFGLVPGLM| COX-2
240 RQYQLRLFKDGKLKYQMLNGEVYPPSVEEAPVLMHYPRGIPPQSQMAVGQEVFGLLPGLM| COX-1

286 MYATIWLREHNRVCDILKQEHPEWGDEQLFQTSRLILIGETIKIVIEDYVQHLSGYHFKL| COX-2
300 LYATIWLREHNRVCDLLKAEHPTWGDEQLFQTARLILIGETIKIVIEEYVQQLSGYFLQL| COX-1

346 KFDPELLFNQQFQYQNRIASEFNTLYHWHPLLPDTFNIEDQEYSFKQFLYNNSILLEHGL| COX-2
360 KFDPELLFGAQFQYRNRIAMEFNQLYHWHPLMPDSFRVGPQDYSYEQFLFNTSMLVDYGV| COX-1

406 TQFVESFTRQIAGRVAGGRNVPIAVQAVAKASIDQSREMKYQSLNEYRKRFSLKPYTSFE| COX-2
420 EALVDAFSRQPAGRIGGGRNIDHHILHVAVDVIKESRVLRLQPFNEYRKRFGMKPYTSFQ| COX-1

466 ELTGEKEMAAELKALYSDIDVMELYPALLVEKPRPDAIFGETMVELGAPFSLKGLMGNPI| COX-2
480 ELTGEKEMAAELEELYGDIDALEFYPGLLLEKCHPNSIFGESMIEMGAPFSLKGLLGNPI| COX-1

526 CSPQYWKPSTFGGEVGFKIINTASIQSLICNNVKGCPFTSFNVQDPQPTKTATINASASH| COX-2
540 CSPEYWKASTFGGEVGFNLVKTATLKKLVCLNTKTCPYVSFHVPDPR-------------| COX-1

586 SRLDDINPTVLIKRRSTEL                                         | COX-2
587 ---QEDRPGV--ERPPTEL                                         | COX-1
```

143 gi|31981525|ref|NP_035328.2| prostaglandin G/H synthase 2 precursor [Mus musculus]
144 gi|57164169|ref|NP_001009476.1| prostaglandin G/H synthase 1 precursor [Ovis aries]

B. FAAH[145]

```
  1 MVLSEVWTTLSGVSGVCLACSLLSAAVVLRWTGRQKARGAATRARQKQRASLETMDKAVQ| FAAH
 61 RFRLQNPDLDSEALLTLPLLQLVQKLQSGELSPEAVFFTYLGKAWEVNKGTNCVTSYLTD| FAAH
121 CETQLSQAPRQGLLYGVPVSLKECFSYKGHDSTLGLSLNEGMPSESDCVVVQVLKLQGAV| FAAH
181 PFVHTNVPQSMLSFDCSNPLFGQTMNPWKSSKSPGGSSGGEGALIGSGGSPLGLGTDIGG| FAAH
241 SIRFPSAFCGICGLKPTGNRLSKSGLKGCVYGQTAVQLSLGPMARDVESLALCLKALLCE| FAAH
301 HLFTLDPTVPPLPFREEVYRSSRPLRVGYYETDNYTMPSPAMRRALIETKQRLEAAGHTL| FAAH
361 IPFLPNNIPYALEVLSAGGLFSDGGRSFLQNFKGDFVDPCLGDLILILRLPSWFKRLLSL| FAAH
421 LLKPLFPRLAAFLNSMRPRSAEKLWKLQHEIEMYRQSVIAQWKAMNLDVLLTPMLGPALD| FAAH
481 LNTPGRATGAISYTVLYNCLDFPAGVVPVTTVTAEDDAQMELYKGYFGDIWDIILKKAMK| FAAH
541 NSVGLPVAVQCVALPWQEELCLRFMREVEQLMTPQKQPS                     | FAAH
```

C. sEH[146]

```
  1 MTLRAAVFDLDGVLALPAVFGVLGRTEEALALPRGLLNDAFQKGGPEGATTRLMKGEITL| sEH
 61 SQWIPLMEENCRKCSETAKVCLPKNFSIKEIFDKAISARKINRPMLQAALMLRKKGFTTA| sEH
121 ILTNTWLDDRAERDGLAQLMCELKMHFDFLIESCQVGMVKPEPQIYKFLLDTLKASPSEV| sEH
181 VFLDDIGANLKPARDLGMVTILVQDTDTALKELEKVTGIQLLNTPAPLPTSCNPSDMSHG| sEH
241 YVTVKPRVRLHFVELGSGPAVCLCHGFPESWYSWRYQIPALAQAGYRVLAMDMKGYGESS| sEH
301 APPEIEEYCMEVLCKEMVTFLDKLGLSQAVFIGHDWGGMLVWYMALFYPERVRAVASLNT| sEH
361 PFIPANPNMSPLESIKANPVFDYQLYFQEPGVAEAELEQNLSRTFKSLFRASDESVLSMH| sEH
421 KVCEAGGLFVNSPEEPSLSRMVTEEEIQFYVQQFKKSGFRGPLNWYRNMERNWKWACKSL| sEH
481 GRKILIPALMVTAEKDFVLVPQMSQHMEDWIPHLKRGHIEDCGHWTQMDKPTEVNQILIK| sEH
541 WLDSDARNPPVVSKM                                             | sEH
```

[145] gi|1680722|gb|AAB26961.1| fatty acid amide hydrolase [Rattus norvegicus
[146] gi|1359739|emb|CAA65751.1| epoxide hydrolase [Homo sapiens]

D. LTA4H[147]

1 MPEIVDTCSLASPASVCRTKHLHLRCSVDFTRRTLTGTAALTVQSQEDNLRSLVLDTKDL | LTA4H

61 TIEKVVINGQEVKYALGERQSYKGSPMEISLPIALSKNQEIVIEISFETSPKSSALQWLT | LTA4H

121 PEQTSGKEHPYLFSQCQAIHCRAILPCQDTPSVKLTYTAEVSVPKELVALMSAIRDGETP | LTA4H

181 DPEDPSRKIYKFIQKVPIPCYLIALVVGALESRQIGPRTLVWSEKEQVEKSAYEFSETES | LTA4H

241 MLKIAEDLGGPYVWGQYDLLVLPPSFPYGGMENPCLTFVTPTLLAGDKSLSNVIAHEISH | LTA4H

301 SWTGNLVTNKTWDHFWLNEGHTVYLERHICGRLFGEKFRHFNALGGWGELQNSVKTFGET | LTA4H

361 HPFTKLVVDLTDIDPDVAYSSVPYEKGFALLFYLEQLLGGPEIFLGFLKAYVEKFSYKSI | LTA4H

421 TTDDWKDFLYSYFKDKVDVLNQVDWNAWLYSPGLPPIKPNYDMTLTNACIALSQRWITAK | LTA4H

481 EDDLNSFNATDLKDLSSHQLNEFLAQTLQRAPLPLGHIKRMQEVYNFNAINNSEIRFRWL | LTA4H

541 RLCIQSKWEDAIPLALKMATEQGRMKFTRPLFKDLAAFDKSHDQAVRTYQEHKASMHPVT | LTA4H

601 AMLVGKDLKVD | LTA4H

[147] gi|976396|gb|AAA89077.1| leukotriene A4 hydrolase [Homo sapiens]

참고문헌

1. Vecchio, A.J., et al., *Investigating substrate promiscuity in cyclooxygenase-2: the role of Arg-120 and residues lining the hydrophobic groove*. J Biol Chem, 2012. 287(29): p. 24619-30.
2. Vecchio, A.J. and M.G. Malkowski, *The structure of NS-398 bound to cyclooxygenase-2*. J Struct Biol, 2011. 176(2): p. 254-8.
3. Dong, L., et al., *Human cyclooxygenase-2 is a sequence homodimer that functions as a conformational heterodimer*. J Biol Chem, 2011. 286(21): p. 19035-46.
4. Vecchio, A.J., D.M. Simmons, and M.G. Malkowski, *Structural basis of fatty acid substrate binding to cyclooxygenase-2*. J Biol Chem, 2010. 285(29): p. 22152-63.
5. Sidhu, R.S., et al., *Comparison of cyclooxygenase-1 crystal structures: cross-talk between monomers comprising cyclooxygenase-1 homodimers*. Biochemistry, 2010. 49(33): p. 7069-79.
6. Rimon, G., et al., *Coxibs interfere with the action of aspirin by binding tightly to one monomer of cyclooxygenase-1*. Proc Natl Acad Sci U S A, 2010. 107(1): p. 28-33.
7. Yuan, C., et al., *Cyclooxygenase Allosterism, Fatty Acid-mediated Cross-talk between Monomers of Cyclooxygenase Homodimers*. J Biol Chem, 2009. 284(15): p. 10046-55.
8. Harman, C.A., et al., *Structural basis of enantioselective inhibition of cyclooxygenase-1 by S-alpha-substituted indomethacin ethanolamides*. J Biol Chem, 2007. 282(38): p. 28096-105.
9. Blobaum, A.L. and L.J. Marnett, *Molecular determinants for the selective inhibition of cyclooxygenase-2 by lumiracoxib*. J Biol Chem, 2007. 282(22): p. 16379-90.
10. Rowlinson, S.W., et al., *A novel mechanism of cyclooxygenase-2 inhibition involving interactions with Ser-530 and Tyr-385*. J Biol Chem, 2003. 278(46): p. 45763-9.
11. Kiefer, J.R., et al., *Structural insights into the stereochemistry of the cyclooxygenase reaction*. Nature, 2000. 405(6782): p. 97-101.
12. Kalgutkar, A.S., et al., *Aspirin-like molecules that covalently inactivate cyclooxygenase-2*. Science, 1998. 280(5367): p. 1268-70.
13. Luong, C., et al., *Flexibility of the NSAID binding site in the structure of human cyclooxygenase-2*. Nat Struct Biol, 1996. 3(11): p. 927-33.
14. Kurumbail, R.G., et al., *Structural basis for selective inhibition of cyclooxygenase-2 by anti-inflammatory agents*. Nature, 1996. 384(6610): p. 644-8.
15. Loll, P.J., D. Picot, and R.M. Garavito, *The structural basis of aspirin activity inferred from the crystal structure of inactivated prostaglandin H2 synthase*. Nat Struct Biol, 1995. 2(8): p. 637-43.
16. Picot, D., P.J. Loll, and R.M. Garavito, *The X-ray crystal structure of the membrane protein prostaglandin H2 synthase-1*. Nature, 1994. 367(6460): p. 243-9.
17. Wang, J.L., et al., *The novel benzopyran class of selective cyclooxygenase-2 inhibitors. Part 2: the second clinical candidate having a shorter and favorable human half-life*. Bioorg Med Chem Lett, 2010. 20(23): p. 7159-63.
18. Khanna, I.K., et al., *1,2-Diarylpyrroles as potent and selective inhibitors of cyclooxygenase-2*. J Med Chem, 1997. 40(11): p. 1619-33.
19. Mandal, P.K., et al., *Efficient synthesis of apricoxib, CS-706, a selective cyclooxygenase-2 inhibitor,*

and evaluation of inhibition of prostaglandin E2 production in inflammatory breast cancer cells. Bioorg Med Chem Lett, 2011. 21(20): p. 6071-3.

20. Anzini, M., et al., *Synthesis, biological evaluation, and enzyme docking simulations of 1,5-diarylpyrrole-3-alkoxyethyl ethers as selective cyclooxygenase-2 inhibitors endowed with anti-inflammatory and antinociceptive activity*. J Med Chem, 2008. 51(15): p. 4476-81.
21. Biava, M., et al., *1,5-Diarylpyrrole-3-acetic acids and esters as novel classes of potent and highly selective cyclooxygenase-2 inhibitors*. J Med Chem, 2005. 48(9): p. 3428-32.
22. Bosch, J., et al., *Synthesis and biological evaluation of 1,3,4-triaryl-3-pyrrolin-2-ones, a new class of selective cyclooxygenase-2 inhibitors*. Bioorg Med Chem Lett, 2000. 10(15): p. 1745-8.
23. 23. Friesen, R.W., et al., *2-Pyridinyl-3-(4-methylsulfonyl)phenylpyridines: selective and orally active cyclooxygenase-2 inhibitors*. Bioorg Med Chem Lett, 1998. 8(19): p. 2777-82.
24. Lau, C.K., et al., *Synthesis and biological evaluation of 3-heteroaryloxy-4-phenyl-2(5H)-furanones as selective COX-2 inhibitors*. Bioorg Med Chem Lett, 1999. 9(22): p. 3187-92.
25. Leblanc, Y., et al., *SAR in the alkoxy lactone series: the discovery of DFP, a potent and orally active COX-2 inhibitor.* Bioorg Med Chem Lett, 1999. 9(15): p. 2207-12.
26. Leblanc, Y., et al., *Discovery of a potent and selective COX-2 inhibitor in the alkoxy lactone series with optimized metabolic profile*. Bioorg Med Chem Lett, 2002. 12(22): p. 3317-20.
27. Rahim, M.A., P.N. Rao, and E.E. Knaus, *Isomeric acetoxy analogues of rofecoxib: a novel class of highly potent and selective cyclooxygenase-2 inhibitors*. Bioorg Med Chem Lett, 2002. 12(19): p. 2753-6.
28. Black, W.C., et al., 3,4-Diaryl-5-hydroxyfuranones: *highly selective inhibitors of cyclooxygenase-2 with aqueous solubility*. Bioorg Med Chem Lett, 2003. 13(6): p. 1195-8.
29. Pal, M., et al., *Conformationally restricted 3,4-diarylfuranones (2,3a,4,5-tetrahydronaphthofuranones) as selective cyclooxygenase-2 inhibitors*. Bioorg Med Chem Lett, 2003. 13(10): p. 1639-43.
30. Praveen Rao, P.N., et al., *Design, synthesis, and biological evaluation of 6-substituted-3-(4-methanesulfonylphenyl)-4-phenylpyran-2-ones: a novel class of diarylheterocyclic selective cyclooxygenase-2 inhibitors*. J Med Chem, 2003. 46(23): p. 4872-82.
31. Rao, P.N., et al., *6-Alkyl, alkoxy, or alkylthio-substituted 3-(4-methanesulfonylphenyl)-4-phenylpyran-2-ones: a novel class of diarylheterocyclic selective cyclooxygenase-2 inhibitors*. Bioorg Med Chem Lett, 2003. 13(13): p. 2205-9.
32. Zarghi, A., P.N. Praveen Rao, and E.E. Knaus, *Sulfonamido, azidosulfonyl and N-acetylsulfonamido analogues of rofecoxib: 4-[4-(N-acetylsulfonamido)phenyl]-3-(4-methanesulfonylphenyl)-2(5H)furanone is a potent and selective cyclooxygenase-2 inhibitor*. Bioorg Med Chem Lett, 2004. 14(8): p. 1957-60.
33. Navidpour, L., et al., *Design and synthesis of new water-soluble tetrazolide derivatives of celecoxib and rofecoxib as selective cyclooxygenase-2 (COX-2) inhibitors*. Bioorg Med Chem Lett, 2006. 16(17): p. 4483-7.
34. Bertenshaw, S.R., et al., *Conformationally restricted 1,5-diarylpyrazoles are selective COX-2 inhibitors*. Bioorganic & Medicinal Chemistry Letters, 1996. 6(23): p. 2827-2830.
35. Pinto, D.J.P., et al., *Chemistry and pharmacokinetics of diarylthiophenes and terphenyls as selective COX-2 inhibitors*. Bioorganic & Medicinal Chemistry Letters, 1996. 6(24): p. 2907-2912.
36. Penning, T.D., et al., *Synthesis and biological evaluation of the 1,5-diarylpyrazole class of cyclooxy-*

genase-2 inhibitors: identification of 4-[5-(4-methylphenyl)-3-(trifluoromethyl)-1H-pyrazol-1-yl]benzenesulfonamide (SC-58635, celecoxib). J Med Chem, 1997. 40(9): p. 1347-65.

37. Liu, H., et al., *Inhibitory mode of 1,5-diarylpyrazole derivatives against cyclooxygenase-2 and cyclooxygenase-1: molecular docking and 3D QSAR analyses.* J Med Chem, 2002. 45(22): p. 4816-27.
38. Li, C.S., et al., *Pyridazinones as selective cyclooxygenase-2 inhibitors.* Bioorg Med Chem Lett, 2003. 13(4): p. 597-600.
39. Ranatunge, R.R., et al., *3-(2-Methoxytetrahydrofuran-2-yl)pyrazoles: a novel class of potent, selective cyclooxygenase-2 (COX-2) inhibitors.* Bioorg Med Chem Lett, 2004. 14(24): p. 6049-52.
40. Singh, S.K., et al., *Methanesulfonamide group at position-4 of the C-5-phenyl ring of 1,5-diarylpyrazole affords a potent class of cyclooxygenase-2 (COX-2) inhibitors.* Bioorg Med Chem Lett, 2004. 14(7): p. 1683-8.
41. Selvam, C., et al., *Design, synthesis, biological evaluation and molecular docking of curcumin analogues as antioxidant, cyclooxygenase inhibitory and anti-inflammatory agents.* Bioorg Med Chem Lett, 2005. 15(7): p. 1793-7.
42. Abdur Rahim, M., et al., *Isomeric acetoxy analogs of celecoxib and their evaluation as cyclooxygenase inhibitors.* Bioorg Med Chem Lett, 2011. 21(20): p. 6074-80.
43. Bandgar, B.P., et al., *Synthesis, biological evaluation, and docking studies of 3-(substituted)-aryl-5-(9-methyl-3-carbazole)-1H-2-pyrazolines as potent anti-inflammatory and antioxidant agents.* Bioorg Med Chem Lett, 2012. 22(18): p. 5839-44.
44. Barta, T.E., et al., *Antiinflammatory 4,5-diarylimidazoles as selective cyclooxygenase inhibitors.* Bioorg Med Chem Lett, 1998. 8(24): p. 3443-8.
45. Khanna, I.K., et al., *Selective cyclooxygenase-2 inhibitors: heteroaryl modified 1,2-diarylimidazoles are potent, orally active antiinflammatory agents.* J Med Chem, 2000. 43(16): p. 3168-85.
46. Almansa, C., et al., *Synthesis and structure-activity relationship of a new series of COX-2 selective inhibitors: 1,5-diarylimidazoles.* J Med Chem, 2003. 46(16): p. 3463-75.
47. Beswick, P.J., et al., *Identification and optimisation of a novel series of pyrimidine based cyclooxygenase-2 (COX-2) inhibitors. Utilisation of a biotransformation approach.* Bioorg Med Chem Lett, 2009. 19(15): p. 4509-14.
48. Al-Hourani, B.J., et al., *Synthesis and evaluation of 1,5-diaryl-substituted tetrazoles as novel selective cyclooxygenase-2 (COX-2) inhibitors.* Bioorg Med Chem Lett, 2011. 21(6): p. 1823-6.
49. Puig, C., et al., *Synthesis and biological evaluation of 3,4-diaryloxazolones: A new class of orally active cyclooxygenase-2 inhibitors.* J Med Chem, 2000. 43(2): p. 214-23.
50. Habeeb, A.G., P.N. Praveen Rao, and E.E. Knaus, *Design and synthesis of 4,5-diphenyl-4-isoxazolines: novel inhibitors of cyclooxygenase-2 with analgesic and antiinflammatory activity.* J Med Chem, 2001. 44(18): p. 2921-7.
51. Hashimoto, H., et al., *4-(4-cycloalkyl/aryl-oxazol-5-yl)benzenesulfonamides as selective cyclooxygenase-2 inhibitors: enhancement of the selectivity by introduction of a fluorine atom and identification of a potent, highly selective, and orally active COX-2 inhibitor JTE-522(1).* J Med Chem, 2002. 45(7): p. 1511-7.
52. Hashimoto, H., et al., *4-Aryl/cycloalkyl-5-phenyloxazole derivatives as selective COX-2 inhibitors.*

Bioorg Med Chem Lett, 2002. 12(1): p. 65-8.

53. Carter, J.S., et al., *Synthesis and activity of sulfonamide-substituted 4,5-diaryl thiazoles as selective cyclooxygenase-2 inhibitors*. Bioorg Med Chem Lett, 1999. 9(8): p. 1171-4.
54. Carter, J.S., et al., *Design and synthesis of sulfonyl-substituted 4,5-diarylthiazoles as selective cyclooxygenase-2 inhibitors*. Bioorg Med Chem Lett, 1999. 9(8): p. 1167-70.
55. Zarghi, A., et al., *Synthesis of 2,3-diaryl-1,3-thiazolidine-4-one derivatives as selective cyclooxygenase (COX-2) inhibitors*. Bioorg Med Chem Lett, 2007. 17(20): p. 5634-7.
56. Zebardast, T., et al., *Design and synthesis of 3-alkyl-2-aryl-1,3-thiazinan-4-one derivatives as selective cyclooxygenase (COX-2) inhibitors*. Bioorg Med Chem Lett, 2009. 19(12): p. 3162-5.
57. Huang, H.C., et al., *Diarylspiro[2.4]heptenes as orally active, highly selective cyclooxygenase-2 inhibitors: synthesis and structure-activity relationships*. J Med Chem, 1996. 39(1): p. 253-66.
58. Li, J.J., et al., *Novel terphenyls as selective cyclooxygenase-2 inhibitors and orally active anti-inflammatory agents*. J Med Chem, 1996. 39(9): p. 1846-56.
59. Black, W.C., et al., *2,3-Diarylcyclopentenones as orally active, highly selective cyclooxygenase-2 inhibitors*. J Med Chem, 1999. 42(7): p. 1274-81.
60. Reitz, D.B., et al., *Selective cyclooxygenase inhibitors: novel 1,2-diarylcyclopentenes are potent and orally active COX-2 inhibitors*. J Med Chem, 1994. 37(23): p. 3878-81.
61. Li, J.J., et al., *1,2-Diarylcyclopentenes as selective cyclooxygenase-2 inhibitors and orally active anti-inflammatory agents*. J Med Chem, 1995. 38(22): p. 4570-8.
62. Reitz, D.B., et al., *Selective cyclooxygenase inhibitors: Novel 4-spiro 1,2-diarylcyclopentenes are potent and orally active cox-2 inhibitors*. Bioorganic & Medicinal Chemistry Letters, 1995. 5(8): p. 867-872.
63. Beswick, P., et al., *Identification of 2,3-diaryl-pyrazolo[1,5-b]pyridazines as potent and selective cyclooxygenase-2 inhibitors*. Bioorg Med Chem Lett, 2004. 14(21): p. 5445-8.
64. Sui, Z., et al., *1,3-Diarylcycloalkanopyrazoles and diphenyl hydrazides as selective inhibitors of cyclooxygenase-2*. Bioorg Med Chem Lett, 2000. 10(6): p. 601-4.
65. Uddin, M.J., et al., *A new class of acyclic 2-alkyl-1,1,2-triaryl (Z)-olefins as selective cyclooxygenase-2 inhibitors*. J Med Chem, 2004. 47(24): p. 6108-11.
66. Uddin, M.J., P.N. Rao, and E.E. Knaus, *Design of acyclic triaryl olefins: a new class of potent and selective cyclooxygenase-2 (COX-2) inhibitors*. Bioorg Med Chem Lett, 2004. 14(8): p. 1953-6.
67. Uddin, M.J., et al., *A new class of acyclic 2-alkyl-1,2-diaryl (E)-olefins as selective cyclooxygenase-2 (COX-2) inhibitors*. Bioorg Med Chem Lett, 2004. 14(19): p. 4911-4.
68. Uddin, M.J., et al., *Design and synthesis of (E)-1,1,2-triarylethenes: novel inhibitors of the cyclooxygenase-2 (COX-2) isozyme*. Bioorg Med Chem Lett, 2005. 15(2): p. 439-42.
69. Zarghi, A., et al., Design and synthesis of 1,3-diarylurea derivatives as selective cyclooxygenase (COX-2) inhibitors. Bioorg Med Chem Lett, 2008. 18(4): p. 1336-9.
70. Stewart, K.D., et al., *Discovery of a new cyclooxygenase-2 lead compound through 3-D database searching and combinatorial chemistry*. Bioorg Med Chem Lett, 1998. 8(5): p. 529-34.
71. Ouimet, N., et al., *Substituted heterocyclic analogs as selective COX-2 inhibitors in the flosulide class*. Bioorg Med Chem Lett, 1999. 9(2): p. 151-6.
72. Duggan, K.C., et al., *Molecular basis for cyclooxygenase inhibition by the non-steroidal anti-inflamma-*

tory drug naproxen. J Biol Chem, 2010. 285(45): p. 34950-9.

73. Xu, S., et al., *Oxicams bind in a novel mode to the cyclooxygenase active site via a two-water-mediated H-bonding Network*. J Biol Chem, 2014. 289(10): p. 6799-808.
74. Kaur, J., et al., *N-1 and C-3 substituted indole Schiff bases as selective COX-2 inhibitors: synthesis and biological evaluation*. Bioorg Med Chem Lett, 2012. 22(6): p. 2154-9.
75. Campbell, J.A., et al., *Rational design of 6-methylsulfonylindoles as selective cyclooxygenase-2 inhibitors*. Bioorg Med Chem Lett, 2004. 14(18): p. 4741-5.
76. Black, W.C., et al., *From indomethacin to a selective COX-2 inhibitor: Development of indolalkanoic acids as potent and selective cyclooxygenase-2 inhibitors*. Bioorganic & Medicinal Chemistry Letters, 1996. 6(6): p. 725-730.
77. Woods, K.W., et al., *Thiazole analogues of the NSAID indomethacin as selective COX-2 inhibitors*. Bioorg Med Chem Lett, 2001. 11(10): p. 1325-8.
78. Bayly, C.I., et al., *Structure-based design of COX-2 selectivity into flurbiprofen*. Bioorg Med Chem Lett, 1999. 9(3): p. 307-12.
79. Kalgutkar, A.S., et al., *Amide derivatives of meclofenamic acid as selective cyclooxygenase-2 inhibitors*. Bioorg Med Chem Lett, 2002. 12(4): p. 521-4.
80. Palomer, A., et al., Structure-based design of cyclooxygenase-2 selectivity into ketoprofen. Bioorg Med Chem Lett, 2002. 12(4): p. 533-7.
81. Rambabu, D., et al., Synthesis and pharmacological evaluation of N-substituted 2-(2-oxo-2H-chromen-4-yloxy)propanamide as cyclooxygenase inhibitors. Bioorg Med Chem Lett, 2012. 22(21): p. 6745-9.
82. Gautam, R., et al., *Synthesis, biological evaluation and molecular docking studies of stellatin derivatives as cyclooxygenase (COX-1, COX-2) inhibitors and anti-inflammatory agents*. Bioorg Med Chem Lett, 2011. 21(6): p. 1612-6.
83. Wang, J.L., et al., *The novel benzopyran class of selective cyclooxygenase-2 inhibitors. Part III: the three microdose candidates*. Bioorg Med Chem Lett, 2010. 20(23): p. 7164-8.
84. Lazer, E.S., et al., *Effect of structural modification of enol-carboxamide-type nonsteroidal antiinflammatory drugs on COX-2/COX-1 selectivity*. J Med Chem, 1997. 40(6): p. 980-9.
85. Takahashi, T. and M. Miyazawa, *N-Caffeoyl serotonin as selective COX-2 inhibitor*. Bioorg Med Chem Lett, 2012. 22(7): p. 2494-6.
86. Zanatta, S.D., et al., *Synthesis and evaluation of dithiolethiones as novel cyclooxygenase inhibitors*. Bioorg Med Chem Lett, 2009. 19(2): p. 459-61.
87. Swarbrick, M.E., et al., *Identification of [4-[4-(methylsulfonyl)phenyl]-6-(trifluoromethyl)-2-pyrimidinyl] amines and ethers as potent and selective cyclooxygenase-2 inhibitors*. Bioorg Med Chem Lett, 2009. 19(15): p. 4504-8.
88. Song, Y., et al., *Synthesis, structure-activity relationships, and in vivo evaluations of substituted di-tert-butylphenols as a novel class of potent, selective, and orally active cyclooxygenase-2 inhibitors. 2. 1,3,4- and 1,2,4-thiadiazole series*. J Med Chem, 1999. 42(7): p. 1161-9.
89. Song, Y., et al., *Synthesis, structure-activity relationships, and in vivo evaluations of substituted di-tert-butylphenols as a novel class of potent, selective, and orally active cyclooxygenase-2 inhibitors. 1. Thiazolone and oxazolone series*. J Med Chem, 1999. 42(7): p. 1151-60.

90. Weisman, S.M., et al., *Effects of tebufelone (NE-11740), a new anti-inflammatory drug, on arachidonic acid metabolism*. Agents Actions, 1994. 41(3-4): p. 156-63.
91. Unangst, P.C., et al., *Synthesis and biological evaluation of 5-[[3,5-bis(1,1-dimethylethyl)- 4-hydroxy-phenyl]methylene]oxazoles, -thiazoles, and -imidazoles: novel dual 5-lipoxygenase and cyclooxygenase inhibitors with antiinflammatory activity*. J Med Chem, 1994. 37(2): p. 322-8.
92. Koeberle, A., et al., *Licofelone suppresses prostaglandin E2 formation by interference with the inducible microsomal prostaglandin E2 synthase-1*. J Pharmacol Exp Ther, 2008. 326(3): p. 975-82.
93. Giang, D.K. and B.F. Cravatt, *Molecular characterization of human and mouse fatty acid amide hydrolases*. Proc Natl Acad Sci U S A, 1997. 94(6): p. 2238-42.
94. Cravatt, B.F., et al., *Molecular characterization of an enzyme that degrades neuromodulatory fatty-acid amides*. Nature, 1996. 384(6604): p. 83-7.
95. Mileni, M., et al., *X-ray crystallographic analysis of alpha-ketoheterocycle inhibitors bound to a humanized variant of fatty acid amide hydrolase*. J Med Chem, 2010. 53(1): p. 230-40.
96. Fang, X., et al., *Pathways of epoxyeicosatrienoic acid metabolism in endothelial cells. Implications for the vascular effects of soluble epoxide hydrolase inhibition*. J Biol Chem, 2001. 276(18): p. 14867-74.
97. Zeldin, D.C., et al., *Regio- and enantiofacial selectivity of epoxyeicosatrienoic acid hydration by cytosolic epoxide hydrolase*. J Biol Chem, 1993. 268(9): p. 6402-7.
98. Gomez, G.A., et al., *Structure of human epoxide hydrolase reveals mechanistic inferences on bifunctional catalysis in epoxide and phosphate ester hydrolysis*. Biochemistry, 2004. 43(16): p. 4716-23.
99. Thunnissen, M.M., P. Nordlund, and J.Z. Haeggstrom, *Crystal structure of human leukotriene A(4) hydrolase, a bifunctional enzyme in inflammation*. Nat Struct Biol, 2001. 8(2): p. 131-5.
100. Orning, L., J.K. Gierse, and F.A. Fitzpatrick, *The bifunctional enzyme leukotriene-A4 hydrolase is an arginine aminopeptidase of high efficiency and specificity*. J Biol Chem, 1994. 269(15): p. 11269-73.
101. Tholander, F., et al., *Structure-based dissection of the active site chemistry of leukotriene A4 hydrolase: implications for M1 aminopeptidases and inhibitor design*. Chem Biol, 2008. 15(9): p. 920-9.
102. Favia, A.D., et al., *Identification and characterization of carprofen as a multitarget fatty acid amide hydrolase/cyclooxygenase inhibitor*. J Med Chem, 2012. 55(20): p. 8807-26.
103. Hwang, S.H., et al., *Synthesis and structure-activity relationship studies of urea-containing pyrazoles as dual inhibitors of cyclooxygenase-2 and soluble epoxide hydrolase*. J Med Chem, 2011. 54(8): p. 3037-50.
104. Chen, Z., et al., *Discovery of dual target inhibitors against cyclooxygenases and leukotriene A4 hydrolyase*. J Med Chem, 2011. 54(10): p. 3650-60.

색인

A
alkylsulfonanilide · 86
anacardic acid · 124
APHS · 15
aspirin · 1

C
carazostatin · 36
carbazole · 36
carprofen · 36
carvedilol · 36
celecoxib · 3
chromone · 120
curcumin · 36

D
diarylheterocycle · 3
diclofenac · 95
di-tert-butylphenol · 2

E
etoricoxib · 1

F
FAAH · 134
flosulide · 86
flurbiprofen · 95

I
indomethacin · 95
isoxicam · 96

L
LTA4H · 135

M
meclofenamic acid · 115
melitracene · 90
meloxicam · 95

N
nimesulide · 86
NS-398 · 86

O
oxaprozin · 3
oxicam · 96

P
phenylbutazone · 3

R
resveratrol · 79

S
SC-558 · 3
sEH · 134
stellatin · 120

T
T-614 · 86
tamoxifen · 79
t-AUCB · 139
terphenyl · 65

U
URG597 · 139

V
valdecoxib · 1

ㅈ
중심고리
- cyclopentene · 65
- furanone · 15
- imidazole · 47
- indene · 76
- isoxazole · 53
- naphthofuranone · 15
- oxazole · 53
- pyranone · 15
- pyrazole · 36
- pyrazolopyridazine · 76
- pyridazinone · 36
- pyrimidine · 47
- pyrrole · 8
- thiazinanone · 60
- thiazole · 60
- thiazolidinone · 60
- thiophene · 26